三角级数

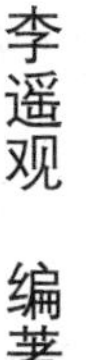

李遥观 编著

◎三角级数

◎各角成等差数列的各正弦函数之和

◎各角成等差数列的各余弦函数之和

◎通项为几个三角函数之积的三角级数

◎通项可以拆成正负两项的三角级数

◎复数在三角级数中的应用

HITP

哈爾濱工業大學出版社

HARBIN INSTITUTE OF TECHNOLOGY PRESS

内容简介

本书详细介绍了三角级数的相关知识及应用.全书共分六章,分别介绍了三角级数、各角成等差数列的各正弦函数之和、各角成等差数列的各余弦函数之和、通项为几个三角函数之积的三角级数、通项可以拆成正负两项的三角级数、复数在三角级数中的应用等知识.读者可以较全面地了解这类问题的实质,并且还可以认识到它在其他学科中的应用.

本书适合中学师生以及数学爱好者参考阅读.

图书在版编目(CIP)数据

三角级数/李遥观编著.—哈尔滨:哈尔滨工业大学出版社,2015.7

ISBN 978-7-5603-5439-2

Ⅰ.①三… Ⅱ.①李… Ⅲ.①三角级数 Ⅳ.①O174.21

中国版本图书馆 CIP 数据核字(2015)第132849号

策划编辑 刘培杰 张永芹
责任编辑 张永芹 聂兆慈
封面设计 孙茵艾
出版发行 哈尔滨工业大学出版社
社　　址 哈尔滨市南岗区复华四道街10号 邮编 150006
传　　真 0451-86414749
网　　址 http://hitpress.hit.edu.cn
印　　刷 哈尔滨工业大学印刷厂
开　　本 787mm×960mm 1/16 印张 13.75 字数 154 千字
版　　次 2015年7月第1版 2015年7月第1次印刷
书　　号 ISBN 978-7-5603-5439-2
定　　价 28.00元

⊙ 前言

三角级数 $\frac{a_0}{2}+\sum_{k=1}^{\infty}(a_k\cos kx+b_k\sin kx)$ 是一类极为重要的级数. 由于三角函数所固有的周期性,这样就决定了这类级数在研究具有周期变化的物理现象中所独有的特殊地位. 如:物体在做简谐振动时位移 y 与时间 x 的关系为

$$y=A\sin(\omega x+\varphi)$$

A 为振幅,ω 为角速度,φ 为初相角.

这是一个最简单的周期函数,其几何意义为一正弦曲线(以 A 为振幅,$T=\frac{2\pi}{\omega}$ 为周期). 如果说有无数个频率各不相同的简谐振动组合在一起就组成了一个复杂的周期性振动. 其关系式为

$$A_0+A_1\sin(\omega t+\alpha_1)+A_2\sin(2\omega t+\alpha_2)+\cdots$$

这类三角级数在微积分学教程中有专门研究的章节——傅里叶级数. 由于它远远超出了中学数学范围,在此不讨论. 本书试图用中学的数列、三角函数、复数等知识来介绍有限项三角级数求和等方面的一些问题.

⊙ 目录

三角级数

第一章

一、什么样的级数叫三角级数

我们知道,在一个数列里,如果它的后项与前项之差总是某一个常数,那么这个数列叫等差数列. 如果它的后项与前项之比总是某一个常数,那么这个数列叫等比数列.

如果要问:什么样的数列叫作三角数列?首先让我们看看下面几个例子.

① 各角成等差数列的正弦函数组成的数列

$\sin\alpha, \sin(\alpha+\beta), \sin(\alpha+2\beta), \cdots \sin(\alpha+(n-1)\beta)$

② 各角成等比数列的余割函数组成的数列

$$\csc 2\alpha, \csc 4\alpha, \csc 8\alpha, \cdots, \csc 2^n\alpha$$

③反正切符号里按照公式$\frac{x}{1+k(k+1)x^2}$($k=1, 2, \cdots, n$)的反正切函数组成的数列

$$\arctan\frac{x}{1+1\cdot 2x^2}, \arctan\frac{x}{1+2\cdot 3x^2},$$

$$\arctan\frac{x}{1+3\cdot 4x^2}, \cdots, \arctan\frac{x}{1+n\cdot(n+1)x^2}$$

上面三个数列的组成虽然各有差异,但其共同点是:它们的通项都是由三角函数或者是反三角函数来表示. 这三个数列我们都叫作三角数列.

一般地说,在一个数列里,如果它的通项是由三角函数或者反三角函数组成,那么这个数列叫作三角数列,用加号连接三角数列的式子叫作三角级数. 如

$$\sin\alpha+\sin(\alpha+\beta)+\sin(\alpha+2\beta)+\cdots+\sin(\alpha+(n-1)\beta)$$

$$\csc 2\alpha+\csc 4\alpha+\csc 8\alpha+\cdots+\csc 2^n\alpha$$

$$\arctan\frac{x}{1+1\cdot 2x^2}+\arctan\frac{x}{1+2\cdot 3x^2}+\cdots+\arctan\frac{x}{1+n\cdot(n+1)x^2}$$

等都是三角级数.

二、怎样求三角级数的和

三角级数是一类特殊的级数,因此它的求和问题可以转化为一般数列求和问题. 当然数列的形式多种多样,千变万化,但其中有一类数列的各项之间存在着某种特殊关系. 人们就是从这种关系中由表及里、由此

及彼地分析研究,从而圆满而胜利地到达了彼岸.

例　求数列 $\frac{3}{1!+2!+3!}$, $\frac{4}{2!+3!+4!}$, $\frac{5}{3!+4!+5!}$, $\cdots$, $\frac{n+2}{n!+(n+1)!+(n+2)!}$ 前 n 项之和.

解　此数列的通项

$$a_k = \frac{k+2}{k!+(k+1)!+(k+2)!}$$

设前 n 项和为 S_n,即

$$S_n = \frac{3}{1!+2!+3!} + \frac{4}{2!+3!+4!} + \frac{5}{3!+4!+5!} + \cdots + \frac{n+2}{n!+(n+1)!+(n+2)!}$$

$$\begin{aligned} a_k &= \frac{k+2}{k!+(k+1)!+(k+2)!} \\ &= \frac{k+2}{k!(1+(k+1)+(k+1)(k+2))} \\ &= \frac{k+2}{k!(k+2)(1+k+1)} \\ &= \frac{k+2}{k!(k+2)^2} \\ &= \frac{1}{k!(k+2)} = \frac{k+1}{(k+2)!} \\ &= \frac{1}{(k+1)!} - \frac{1}{(k+2)!} \end{aligned}$$

令 $k=1,2,3,\cdots,n$ 依次代入 a_k,则

$$a_1 = \frac{1}{2!} - \frac{1}{3!}$$

$$a_2 = \frac{1}{3!} - \frac{1}{4!}$$

$$a_3 = \frac{1}{4!} - \frac{1}{5!}$$

$$\vdots$$

$$a_n = \frac{1}{(n+1)!} - \frac{1}{(n+2)!}$$

将以上 n 式相加,得

$$S_n = \frac{3}{1!+2!+3!} + \frac{4}{2!+3!+4!} + \frac{5}{3!+4!+5!} + \cdots + \frac{n+2}{n!+(n+1)!+(n+2)!}$$

$$= \frac{1}{2!} - \frac{1}{(n+2)!}$$

上面这个例子的解答过程可以归纳如下:

① 找出数列的通项 a_k;

② 将通项拆成与项数有关的正、负两项;

③ 在求和的运算中,利用正、负两项绝对值相等的关系而抵消中间各项,那么数列的和就显露出来了.

一般地说:如果一个数列 $\{a_n\}$ 的通项 a_k 可以拆成正、负两项(这两项都是以项数为其自变量的函数),即

$$a_k = b_k - b_{k+1} \text{ 或 } a_k = b_{k+1} - b_k \quad (k = 1,2,\cdots,n)$$

那么这个数列 $\{a_n\}$ 前 n 项的和

$$S_n = a_1 + a_2 + a_3 + \cdots + a_n$$

$$= (b_1 - b_2) + (b_2 - b_3) + (b_3 - b_4) + \cdots + (b_n - b_{n+1})$$

$$= b_1 - b_{n+1}$$

其中通项 $a_k = b_k - b_{k+1}$(或 $a_k = b_{k+1} - b_k$)是拆项的一条重要原则.

三角级数的通项如果能按照上述原则拆成正、负

两项,那么三角级数前 n 项和就可以用上述方法求出.

三角级数的组成形式比较复杂. 除几类简单三角级数求和有公式直接利用外,更多的三角级数求和问题不能直接套公式,要经过分析、研究逐步加以解决.

在下面几章里,我们按照各种不同的类型对三角级数求和问题加以研究.

本书里所谈的三角级数求和都是指有限项(即前 n 项)三角级数的求和.

各角成等差数列的各正弦函数之和

第二章

若各正弦函数的角依次为

$$\alpha,\alpha+\beta,\alpha+2\beta,\alpha+3\beta,\cdots,\alpha+(n-1)\beta$$

则各正弦函数的和为

$$S_n=\sin\alpha+\sin(\alpha+\beta)+\sin(\alpha+2\beta)+\sin(\alpha+3\beta)+\cdots+\sin(\alpha+(n-1)\beta)$$

$$=\frac{\sin\left(\alpha+\frac{n-1}{2}\beta\right)\sin\frac{n}{2}\beta}{\sin\frac{1}{2}\beta}\quad(1)$$

证明　此三角级数的通项为

$$a_k=\sin(\alpha+(k-1)\beta)$$

为了将通项 a_k 拆成正负两项,我们只有利用三角函数的积化和差的形式. 因此用 $2\sin\frac{1}{2}\beta$ 乘以 a_k,即得如下关系式

$$\begin{aligned}(2\sin\frac{1}{2}\beta)\cdot a_k &= 2\sin(\alpha+(k-1)\beta)\sin\frac{1}{2}\beta\\ &= \cos(\alpha+(k-\frac{3}{2})\beta)-\\ &\quad\cos(\alpha+(k-\frac{1}{2})\beta)\end{aligned}$$

令 $k=1,2,3,4,\cdots,n$,依次代入此式,得

$$(2\sin\frac{1}{2}\beta)\cdot a_1=\cos(\alpha-\frac{1}{2}\beta)-\cos(\alpha+\frac{1}{2}\beta)$$

$$(2\sin\frac{1}{2}\beta)\cdot a_2=\cos(\alpha+\frac{1}{2}\beta)-\cos(\alpha+\frac{3}{2}\beta)$$

$$(2\sin\frac{1}{2}\beta)\cdot a_3=\cos(\alpha+\frac{3}{2}\beta)-\cos(\alpha+\frac{5}{2}\beta)$$

$$(2\sin\frac{1}{2}\beta)\cdot a_4=\cos(\alpha+\frac{5}{2}\beta)-\cos(\alpha+\frac{7}{2}\beta)$$

$$\vdots$$

$$\begin{aligned}(2\sin\frac{1}{2}\beta)\cdot a_n &= \cos(\alpha+\frac{2n-3}{2}\beta)-\\ &\quad\cos(\alpha+\frac{2n-1}{2}\beta)\end{aligned}$$

将以上 n 式相加,得

$$\begin{aligned}&2\sin\frac{1}{2}\beta(a_1+a_2+a_3+a_4+\cdots+a_n)\\ =&\cos(\alpha-\frac{1}{2}\beta)-\cos(\alpha+\frac{2n-1}{2}\beta)\\ =&2\sin(\alpha+\frac{n-1}{2}\beta)\sin\frac{n}{2}\beta\end{aligned}$$

所以
$$S_n=\frac{\sin(\alpha+\frac{n-1}{2}\beta)\sin\frac{n}{2}\beta}{\sin\frac{1}{2}\beta}$$

故

$$\begin{aligned}S_n&=\sin\alpha+\sin(\alpha+\beta)+\sin(\alpha+2\beta)+\\&\quad\sin(\alpha+3\beta)+\cdots+\sin(\alpha+(n-1)\beta)\\&=\frac{\sin(\alpha+\frac{n-1}{2}\beta)\sin\frac{n}{2}\beta}{\sin\frac{1}{2}\beta}\end{aligned}$$

实践证明,利用此公式来解有限项三角级数求和的问题时,可以删繁就简、化险为夷,在解题方面给人们带来很大好处.

例 1 求证:$\sin\alpha+\sin3\alpha+\sin5\alpha+\cdots+\sin(2n-1)\alpha=\frac{\sin^2 n\alpha}{\sin\alpha}$.

证明 经过观察、分析和比较,令$\beta=2\alpha$. 则

$$\begin{aligned}&\sin\alpha+\sin3\alpha+\sin5\alpha+\cdots+\sin(2n-1)\alpha\\&=\frac{\sin(\alpha+\frac{n-1}{2}\cdot2\alpha)\sin(\frac{n}{2}\cdot2\alpha)}{\sin(\frac{1}{2}\cdot2\alpha)}.\\&=\frac{\sin^2 n\alpha}{\sin\alpha}\end{aligned}$$

所以原式成立.

例 2 求证:$\sin\theta+\sin2\theta+\sin3\theta+\cdots+\sin n\theta+\frac{1}{2}\sin(n+1)\theta$ 在区间$(0,\pi)$内是非负的.

证明

$$\sin\theta+\sin 2\theta+\sin 3\theta+\cdots+\sin n\theta+\frac{1}{2}\sin(n+1)\theta$$

$$=\frac{1}{2}(2\sin\theta+2\sin 2\theta+2\sin 3\theta+\cdots+2\sin n\theta+\sin(n+1)\theta)$$

$$=\frac{1}{2}(\sin\theta+\sin 2\theta+\sin 3\theta+\cdots+\sin n\theta+\sin(n+1)\theta)+\frac{1}{2}(\sin\theta+\sin 2\theta+\sin 3\theta+\cdots+\sin n\theta)$$

$$=\frac{1}{2}\left(\frac{\sin(\theta+\frac{n}{2}\theta)\sin\frac{n+1}{2}\theta}{\sin\frac{\theta}{2}}+\frac{\sin(\theta+\frac{n-1}{2}\theta)\sin\frac{n}{2}\theta}{\sin\frac{\theta}{2}}\right)$$

$$=\frac{1}{2}\left(\frac{\sin\frac{n+2}{2}\theta\sin\frac{n+1}{2}\theta}{\sin\frac{\theta}{2}}+\frac{\sin\frac{n+1}{2}\theta\sin\frac{n}{2}\theta}{\sin\frac{\theta}{2}}\right)$$

$$=\frac{1}{2}\cdot\frac{\sin\frac{n+1}{2}\theta(\sin\frac{n+2}{2}\theta+\sin\frac{n}{2}\theta)}{\sin\frac{\theta}{2}}$$

$$=\frac{\sin^2(\frac{n+1}{2}\theta)\cos\frac{\theta}{2}}{\sin\frac{\theta}{2}}$$

$$=\sin^2(\frac{n+1}{2}\theta)\cot\frac{\theta}{2}$$

因为 $\theta\in(0,\pi]$，则 $\frac{\theta}{2}\in(0,\frac{\pi}{2}]$，所以

$$\cot\frac{\theta}{2}\geqslant 0$$

对于任何自然数 n，皆有 $\sin^2\frac{n+1}{2}\geqslant 0$，所以

$$\sin^2\frac{n+1}{2}\theta\cot\frac{\theta}{2}\geqslant 0$$

故在 $(0,\pi]$ 内，原式是非负的.

例3 求 $\sin\alpha-\sin(\alpha+\beta)+\sin(\alpha+2\beta)-\sin(\alpha+3\beta)+\cdots+(-1)^{n-1}\sin(\alpha+(n-1)\beta)$ 的值.

解 虽然各正弦函数的各角依次组成了一个等差数列，然而各正弦函数的符号为正、负相间，因此不能直接应用公式(1)，应对原式作某些变形. 经过观察，不难发现可以利用诱导公式作如下变形

$$\sin\alpha=\sin\alpha-\sin(\alpha+\beta)=\sin(\alpha+(\beta+\pi))$$

$$\sin(\alpha+2\beta)=\sin(\alpha+2(\beta+\pi))$$

$$-\sin(\alpha+3\beta)=\sin(\alpha+3(\beta+\pi))$$

$$\vdots$$

$$(-1)^{n-1}\sin(\alpha+(n-1)\beta)=\sin(\alpha+(n-1)(\beta+\pi))$$

将以上 n 式相加，得

$$\begin{aligned}&\sin\alpha-\sin(\alpha+\beta)+\sin(\alpha+2\beta)-\sin(\alpha+3\beta)+\cdots+(-1)^{n-1}\sin(\alpha+(n-1)\beta)\\=&\sin\alpha+\sin(\alpha+(\beta+\pi))+\sin(\alpha+2(\beta+\pi))+\sin(\alpha+3(\beta+\pi))+\cdots+\sin(\alpha+(n-1)(\beta+\pi))\\=&\frac{\sin\left(\alpha+\frac{n-1}{2}(\beta+\pi)\right)+\sin\frac{n}{2}(\beta+\pi)}{\sin\frac{1}{2}(\beta+\pi)}\end{aligned}$$

$$= \frac{\sin\left(\alpha + \frac{n-1}{2}(\beta + \pi)\right) + \sin\frac{n}{2}(\beta + \pi)}{\cos\frac{1}{2}\beta}$$

例4　求证

$$\frac{2\tan\alpha}{1+\tan^2\alpha} + \frac{2\tan 2\alpha}{1+\tan^2 2\alpha} + \frac{2\tan 3\alpha}{1+\tan^2 3\alpha} + \cdots +$$

$$\frac{2\tan n\alpha}{1+\tan^2 n\alpha} = \frac{\sin n\alpha\sin(n+1)\alpha}{\sin\alpha}$$

证明　很明显,此题还不是公式(1)的形式,因此不可能马上用公式(1),为了使式子的左边变成公式(1)的形式,必须作适当的三角恒等变形.经过观察和分析,左边级数的通项为

$$a_k = \frac{2\tan k\alpha}{1+\tan^2 k\alpha} = 2\sin k\alpha\cos k\alpha = \sin 2k\alpha$$

令 $k = 1,2,3,\cdots,n$,依次代入此式,得

$$a_1 = \sin 2\alpha$$

$$a_2 = \sin 4\alpha = \sin(2\alpha + 2\alpha)$$

$$a_3 = \sin 6\alpha = \sin(2\alpha + 2\cdot 2\alpha)$$

$$\vdots$$

$$a_n = \sin 2n\alpha = \sin(2\alpha + (n-1)2\alpha)$$

将以上 n 式相加,得

$$\sum_{i=1}^{n} a_i = \sin 2\alpha + \sin(2\alpha + 2\alpha) + \sin(2\alpha + 2\cdot 2\alpha) + \cdots + \sin(2\alpha + (n-1)2\alpha)$$

$$= \frac{\sin(2\alpha + \frac{n-1}{2}2\alpha)\sin\frac{n}{2}2\alpha}{\sin\alpha}$$

$$= \frac{\sin n\alpha\cdot\sin(n+1)\alpha}{\sin\alpha}$$

所以

$$\frac{2\tan\alpha}{1+\tan^2\alpha}+\frac{2\tan 2\alpha}{1+\tan^2 2\alpha}+\frac{2\tan 3\alpha}{1+\tan^2 3\alpha}+\cdots+\frac{2\tan n\alpha}{1+\tan^2 n\alpha}=\frac{\sin n\alpha\sin(n+1)\alpha}{\sin\alpha}$$

例 5 在 $0<x<\pi$ 内解方程

$$\sin x+\sin 2x+\sin 3x+\sin 4x=0$$

解 此题为三角方程,其右边为零,于是将其左边分解为几个简单三角函数之积就可以了. 当然可以利用和差化积进行分解,但比较麻烦. 如果用公式(1)来化简就比较简单,效果也好. 其解法如下

$$\sin x+\sin 2x+\sin 3x+\sin 4x=\frac{\sin\frac{5x}{2}\sin 2x}{\sin\frac{x}{2}}$$

所以原方程可以化为

$$\frac{\sin\frac{5x}{2}\sin 2x}{\sin\frac{x}{2}}=0$$

因为 $0<x<\pi$,则 $0<\frac{x}{2}<\frac{\pi}{2}$,所以 $\sin\frac{x}{2}\neq 0$.

故 $\sin\frac{5x}{2}\sin 2x=0$,即

$$\sin\frac{5x}{2}=0 \text{ 或 } \sin 2x=0$$

在 $(0,\pi)$ 内,如果 $\sin 2x=0$,则 $x=\frac{\pi}{2}$.

如果 $\sin\frac{5x}{2}=0$,则 $x=\frac{2n\pi}{5}$.

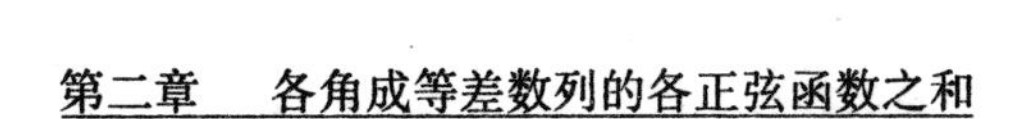

当 $n=1$ 时，$x=\frac{2}{5}\pi$；

当 $n=2$ 时，$x=\frac{4}{5}\pi$；

当 $n\geqslant 3$ 时，$x=\frac{2n\pi}{5}\geqslant\frac{6\pi}{5}$，它不是方程的解；

当 $n\leqslant 0$ 时，$x=\frac{2n\pi}{5}\leqslant 0$，它不是方程的解.

因此本题有三个解，即

$$x_1=\frac{\pi}{2},x_2=\frac{2\pi}{5},x_3=\frac{4\pi}{5}$$

例6　如果 θ 为满足方程 $\sin\theta+\cos\theta=\sqrt{2}$ 的最小正角，试求

$$\sin\theta+\sin 2\theta+\sin 3\theta+\sin 4\theta+\cdots+\sin 16\theta$$

的值.

解　因为 $\sin\theta+\cos\theta=\sqrt{2}$，所以

$$\frac{\sqrt{2}}{2}\sin\theta+\frac{\sqrt{2}}{2}\cos\theta=1$$

$$\sin\theta\cos\frac{\pi}{4}+\cos\theta\sin\frac{\pi}{4}=1$$

$$\sin(\theta+\frac{\pi}{4})=1$$

所以 $\theta+\frac{\pi}{4}=2n\pi+\frac{\pi}{2},\theta=2n\pi+\frac{\pi}{4}$.

因为 θ 为满足方程 $\sin\theta+\cos\theta=\sqrt{2}$ 的最小正角，所以在 $\theta=2n\pi+\frac{\pi}{4}$ 中，$n=0$，即

$$\theta=\frac{\pi}{4}$$

由公式(1),得

$$\sin\theta+\sin 2\theta+\sin 3\theta+\cdots+\sin 16\theta$$
$$=\frac{\sin\frac{17}{2}\theta\sin 8\theta}{\sin\frac{\theta}{2}}$$

将$\theta=\frac{\pi}{4}$代入此式,得

$$\sin\theta+\sin 2\theta+\sin 3\theta+\cdots+\sin 16\theta$$
$$=\frac{\sin\frac{17}{2}\theta\sin 8\theta}{\sin\frac{\theta}{2}}$$
$$=\frac{\sin\frac{17}{2}\times\frac{\pi}{4}\sin 8\times\frac{\pi}{4}}{\sin\frac{\pi}{8}}$$
$$=\frac{\sin\frac{17}{8}\pi\sin 2\pi}{\sin\frac{\pi}{8}}=0$$

例7 求正弦函数$y=\sin x$在$[0,\pi]$内与x轴之间所围成的面积.

解 将闭区间$[0,\pi]$ n等分,那么这$n-1$个等分点为$A_1,A_2,A_3,\cdots,A_{n-1}$,其坐标为

$$A_1(\frac{\pi}{n},0),A_2(\frac{2\pi}{n},0),A_3(\frac{3\pi}{n},0),\cdots,A_{n-1}(\frac{(n-1)\pi}{n},0)$$

各等分点的正弦函数值分别为

$$\sin\frac{\pi}{n},\sin\frac{2\pi}{n},\sin\frac{3\pi}{n},\cdots,\sin\frac{n-1}{n}\pi$$

如图1所示,令$S_1,S_2,S_3,\cdots,S_{n-1}$分别表示上述

$n-1$ 个小矩形的面积,则

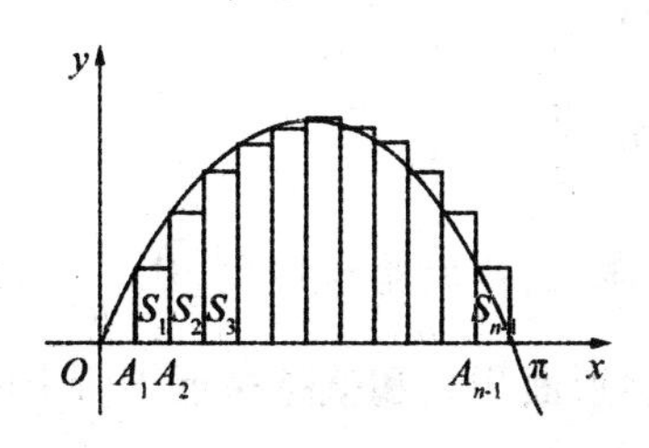

图 1

$$S_1=\frac{\pi}{n}\sin\frac{\pi}{n}$$

$$S_2=\frac{\pi}{n}\sin\frac{2\pi}{n}$$

$$S_3=\frac{\pi}{n}\sin\frac{3\pi}{n}$$

$$\vdots$$

$$S_{n-1}=\frac{\pi}{n}\sin\frac{n-1}{n}\pi$$

$$\vdots$$

将这 $n-1$ 个小矩形的面积相加时正好约为所求的面积,所以

$$S_1+S_2+S_3+\cdots+S_{n-1}$$

$$=\frac{\pi}{n}(\sin\frac{\pi}{n}+\sin\frac{2\pi}{n}+\sin\frac{3\pi}{n}+\cdots+\sin\frac{n-1}{n}\pi)$$

$$=\frac{\pi}{n}\cdot\frac{\sin(\frac{\pi}{n}+\frac{n-2}{n}\cdot\frac{\pi}{n})\sin\frac{n-1}{n}\cdot\frac{\pi}{n}}{\sin\frac{\pi}{2n}}$$

$$=\frac{\pi}{n}\cdot\frac{\sin\frac{\pi}{n}\sin(\frac{\pi}{2}-\frac{\pi}{2n})}{\sin\frac{\pi}{2n}}$$

$$= \frac{\pi}{n} \cdot \frac{\cos \frac{\pi}{2n}}{\sin \frac{\pi}{2n}}$$

当分法越细,也就是说区间$[0, \frac{\pi}{n}]$越短时,上述$n-1$个小矩形面积之和就越接近于所求的面积.

当分法无限变细,即闭区间$[0, \frac{\pi}{n}]$无限变短时,上述$n-1$个小矩形面积之和就无限地接近于所求的面积.

事实上,所求的面积就是,当$n \to \infty$时,$\sum_{k=1}^{n} S_k$的极限,即

$$\lim_{n\to\infty} \sum_{k=1}^{n} S_k = \lim_{n\to\infty} \frac{\pi}{n} \cdot \frac{\cos \frac{\pi}{2n}}{\sin \frac{\pi}{2n}}$$

$$= \lim_{n\to\infty} \frac{\pi}{2n} \cdot \frac{2\cos \frac{\pi}{2n}}{\sin \frac{\pi}{2n}} = \lim_{n\to\infty} \frac{2\cos \frac{\pi}{2n}}{\frac{\sin \frac{\pi}{2n}}{\frac{\pi}{2n}}}$$

$$= 2 \cdot \frac{\lim\limits_{n\to\infty} \cos \frac{\pi}{2n}}{\lim\limits_{n\to\infty} \frac{\sin \frac{\pi}{2n}}{\frac{\pi}{2n}}} = 2$$

$$(\text{因为}\lim_{n\to\infty}\cos\frac{\pi}{2n}=1,\lim_{n\to\infty}\frac{\sin\frac{\pi}{2n}}{\frac{\pi}{2n}}=1).$$

例8　在 Rt$\triangle ABC$ 中，直角 A 的 n 等分线依次与斜边相交于 $P_1,P_2,P_3,\cdots,P_{n-1}$，求证

$$\frac{1}{AP_1}+\frac{1}{AP_2}+\frac{1}{AP_3}+\cdots+\frac{1}{AP_{n-1}}$$

$$=\frac{b+c}{2bc}(\cot\frac{\pi}{4n}-1)$$

证明　如图2所示，依题意有

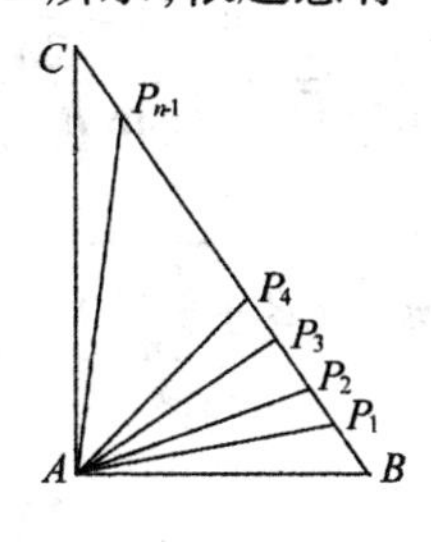

图2

$$\angle BAP_1=\angle P_1AP_2=$$

$$\angle P_2AP_3=\cdots=$$

$$\angle P_{n-1}AC=\frac{\pi}{2n}$$

令 $AB=c,AC=b,BC=a$，有

$$\angle BP_1A=\pi-(B+\frac{\pi}{2n})$$

$$\angle BP_2A=\pi-(B+\frac{2\pi}{2n})$$

$$\angle BP_3A = \pi - (B + \frac{3\pi}{2n})$$

$$\vdots$$

$$\angle BP_{n-1}A = \pi - (B + \frac{n-1}{2n}\pi)$$

根据正弦定理

$$\frac{AP_1}{\sin B} = \frac{c}{\sin(\pi - (B + \frac{\pi}{2n}))} = \frac{c}{\sin(B + \frac{\pi}{2n})}$$

所以

$$\frac{1}{AP_1} = \frac{\sin(B + \frac{\pi}{2n})}{c\sin B}$$

$$\frac{AP_2}{\sin B} = \frac{c}{\sin(\pi - (B + \frac{2\pi}{2n}))} = \frac{c}{\sin(B + \frac{2\pi}{2n})}$$

所以

$$\frac{1}{AP_2} = \frac{\sin(B + \frac{2\pi}{2n})}{c\sin B}$$

$$\frac{AP_3}{\sin B} = \frac{c}{\sin(\pi - (B + \frac{3\pi}{2n}))}$$

$$= \frac{c}{\sin(B + \frac{3\pi}{2n})}$$

所以

$$\frac{1}{AP_3} = \frac{\sin(B + \frac{3\pi}{2n})}{c\sin B}$$

$$\vdots$$

$$\frac{AP_{n-1}}{\sin B}=\frac{c}{\sin(\pi-(B+\frac{n-1}{2n}\pi))}$$

$$=\frac{c}{\sin(B+\frac{(n-1)\pi}{2n})}$$

所以

$$\frac{1}{AP_{n-1}}=\frac{\sin(B+\frac{(n-1)\pi}{2n})}{c\sin B}$$

所以有

$$\frac{1}{AP_1}+\frac{1}{AP_2}+\frac{1}{AP_3}+\cdots+\frac{1}{AP_{n-1}}$$

$$=\frac{1}{c\sin B}(\sin(B+\frac{\pi}{2n})+\sin(B+\frac{2\pi}{2n})+$$

$$\sin(B+\frac{3\pi}{2n})+\cdots+\sin(B+\frac{n-1}{2n}\pi))$$

$$=\frac{1}{c\sin B}\cdot\frac{\sin(B+\frac{\pi}{2n}+\frac{n-2}{2}\cdot\frac{\pi}{2n})\sin(\frac{n-1}{2}\cdot\frac{\pi}{2n})}{\sin\frac{\pi}{4n}}$$

$$=\frac{1}{c\sin B}\cdot\frac{\sin(B+\frac{\pi}{4})\cdot\sin(\frac{\pi}{4}-\frac{\pi}{4n})}{\sin\frac{\pi}{4n}}$$

$$=\frac{1}{c\sin B}(\sin B\cos\frac{\pi}{4}+\cos B\sin\frac{\pi}{4})\cdot$$

$$\frac{(\sin\frac{\pi}{4}\cos\frac{\pi}{4n}-\cos\frac{\pi}{4}\sin\frac{\pi}{4n})}{\sin\frac{\pi}{4n}}$$

$$= \frac{1}{c\sin B}\left(\frac{\sqrt{2}}{2}\sin B + \frac{\sqrt{2}}{2}\cos B\right) \cdot \frac{\left(\frac{\sqrt{2}}{2}\cos\frac{\pi}{4n} - \frac{\sqrt{2}}{2}\sin\frac{\pi}{4n}\right)}{\sin\frac{\pi}{4n}}$$

$$= \frac{a}{cb} \cdot \frac{\frac{1}{2}\left(\frac{b}{a} + \frac{c}{a}\right)\left(\cos\frac{\pi}{4n} - \sin\frac{\pi}{4n}\right)}{\sin\frac{\pi}{4n}}$$

$$= \frac{a}{cb} \cdot \frac{\frac{1}{2} \cdot \frac{b+c}{a}\left(\cos\frac{\pi}{4n} - \sin\frac{\pi}{4n}\right)}{\sin\frac{\pi}{4n}}$$

$$= \frac{b+c}{2bc}\left(\cot\frac{\pi}{4n} - 1\right)$$

例9 已知$A_1, A_2, A_3, \cdots, A_n$为$\odot O$的内接正$n$边形的$n$个顶点,$P$为圆弧$\overset{\frown}{P_nP_1}$上一点. $\angle POA_1 = \theta$,$\odot O$的半径为r,试求弦$PA_1 + PA_2 + PA_3 + \cdots + PA_n$的长.

解 如图3所示,由已知条件有

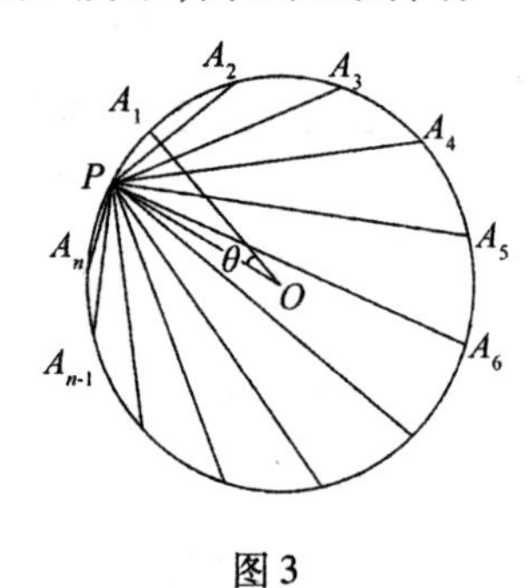

图3

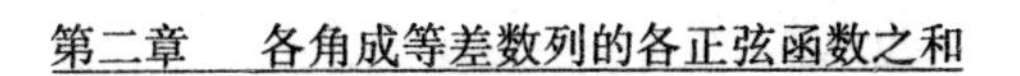

$$\angle A_1OA_2 = \angle A_2OA_3 = \angle A_3OA_4 = \cdots =$$

$$\angle A_nOA_1 = \frac{2\pi}{n}$$

因为

$$\angle POA_1 = \theta$$

所以

$$\angle POA_2 = \theta + \frac{2\pi}{n}$$

$$\angle POA_3 = \theta + \frac{4\pi}{n}$$

$$\angle POA_4 = \theta + \frac{6\pi}{n}$$

$$\vdots$$

$$\angle POA_n = \theta + \frac{(n-1)2\pi}{n}$$

于是

$$PA_1 = 2r\sin\frac{\angle POA_1}{2} = 2r\sin\frac{\theta}{2}$$

$$PA_2 = 2r\sin\frac{\angle POA_2}{2} = 2r\sin(\frac{\theta}{2} + \frac{\pi}{n})$$

$$PA_3 = 2r\sin\frac{\angle POA_3}{2} = 2r\sin(\frac{\theta}{2} + \frac{2\pi}{n})$$

$$PA_4 = 2r\sin\frac{\angle POA_4}{2} = 2r\sin(\frac{\theta}{2} + \frac{3\pi}{n})$$

$$\vdots$$

$$PA_n = 2r\sin\frac{\angle POA_n}{2} = 2r\sin(\frac{\theta}{2} + \frac{n-1}{n}\pi)$$

故

$$PA_1+PA_2+PA_3+\cdots+PA_n$$

$$=2r\left(\sin\frac{\theta}{2}+\sin\left(\frac{\theta}{2}+\frac{\pi}{n}\right)+\sin\left(\frac{\theta}{2}+\frac{2\pi}{n}\right)+\right.$$

$$\left.\sin\left(\frac{\theta}{2}+\frac{3\pi}{n}\right)+\cdots+\sin\left(\frac{\theta}{2}+\frac{n-1}{2}\pi\right)\right)$$

$$=2r\frac{\sin\left(\frac{\theta}{2}+\frac{n-1}{2}\cdot\frac{\pi}{n}\right)\sin\left(\frac{n}{2}\cdot\frac{\pi}{n}\right)}{\sin\frac{\pi}{2n}}$$

$$=2r\frac{\sin\left(\frac{\pi}{2}+\frac{\theta}{2}-\frac{\pi}{2n}\right)}{\sin\frac{\pi}{2n}}$$

$$=2r\cos\left(\frac{\theta}{2}-\frac{\pi}{2n}\right)\csc\frac{\pi}{2n}$$

例10 已知$A_1,A_2,A_3,\cdots,A_{2n},A_{2n+1}$为$\odot O$的内接正$2n+1$边形的$2n+1$个顶点. P为圆弧$\overset{\frown}{A_{2n+1}A_1}$上一点, $\angle POA_1=\theta$, $\odot O$的半径为r.

求证: $PA_1+PA_3+PA_5+\cdots+PA_{2n+1}=PA_2+PA_4+PA_6+\cdots+PA_{2n}$.

证明 如图4所示,由已知有

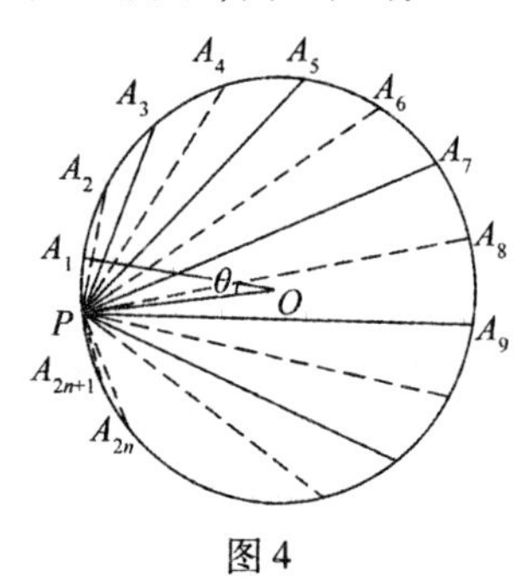

图4

$$\angle A_1OA_2 = \angle A_2OA_3 = \angle A_3OA_4 = \cdots =$$

$$\angle A_{2n}OA_{2n+1} = \frac{2\pi}{2n+1}$$

$$\angle POA_1 = \theta$$

$$\angle POA_2 = \theta + \frac{2\pi}{2n+1}$$

$$\angle POA_3 = \theta + \frac{2 \cdot 2\pi}{2n+1}$$

$$\angle POA_4 = \theta + \frac{3 \cdot 2\pi}{2n+1}$$

$$\vdots$$

$$\angle POA_{2n} = \theta + \frac{(2n-1) \cdot 2\pi}{2n+1}$$

$$\angle POA_{2n+1} = \theta + \frac{2n \cdot 2\pi}{2n+1}$$

故

$$PA_1 = 2r\sin\frac{\angle POA_1}{2} = 2r\sin\frac{\theta}{2}$$

$$PA_3 = 2r\sin\frac{\angle POA_3}{2} = 2r\sin\left(\frac{\theta}{2} + \frac{2\pi}{2n+1}\right)$$

$$PA_5 = 2r\sin\frac{\angle POA_5}{2} = 2r\sin\left(\frac{\theta}{2} + \frac{2 \cdot 2\pi}{2n+1}\right)$$

$$\vdots$$

$$PA_{2n+1} = 2r\sin\frac{\angle POA_{2n+1}}{2} = 2r\sin\left(\frac{\theta}{2} + \frac{n \cdot 2\pi}{2n+1}\right)$$

于是

$$
\begin{aligned}
& PA_1+PA_3+PA_5+\cdots+PA_{2n+1} \\
&= 2r\left(\sin\frac{\theta}{2}+\sin\left(\frac{\theta}{2}+\frac{2\pi}{2n+1}\right)+\right. \\
&\quad \left.\sin\left(\frac{\theta}{2}+\frac{2\cdot 2\pi}{2n+1}\right)+\cdots+\sin\left(\frac{\theta}{2}+\frac{n\cdot 2\pi}{2n+1}\right)\right) \\
&= 2r\frac{\sin\left(\frac{\theta}{2}+\frac{n}{2}\cdot\frac{2\pi}{2n+1}\right)\sin\left(\frac{n+1}{2}\cdot\frac{2\pi}{2n+1}\right)}{\sin\frac{\pi}{2n+1}} \\
&= 2r\sin\left(\frac{\theta}{2}+\frac{n\pi}{2n+1}\right)\sin\frac{n+1}{2n+1}\pi\csc\frac{\pi}{2n+1} \\
&= 2r\sin\left(\frac{\theta}{2}+\frac{n\pi}{2n+1}\right)\sin\left(\pi-\frac{n+1}{2n+1}\pi\right)\csc\frac{\pi}{2n+1} \\
&= 2r\sin\left(\frac{\theta}{2}+\frac{n\pi}{2n+1}\right)\sin\frac{n\pi}{2n+1}\csc\frac{\pi}{2n+1}
\end{aligned}
$$

又由

$$
\begin{aligned}
PA_2 &= 2r\sin\frac{\angle POA_2}{2}=2r\sin\left(\frac{\theta}{2}+\frac{\pi}{2n+1}\right) \\
PA_4 &= 2r\sin\frac{\angle POA_4}{2}=2r\sin\left(\frac{\theta}{2}+\frac{3\pi}{2n+1}\right) \\
&= 2r\sin\left(\left(\frac{\theta}{2}+\frac{\pi}{2n+1}\right)+\frac{2\pi}{2n+1}\right) \\
PA_6 &= 2r\sin\frac{\angle POA_6}{2}=2r\sin\left(\frac{\theta}{2}+\frac{5\pi}{2n+1}\right) \\
&= 2r\sin\left(\left(\frac{\theta}{2}+\frac{\pi}{2n+1}\right)+\frac{2\cdot 2\pi}{2n+1}\right) \\
&\vdots \\
PA_{2n} &= 2r\sin\frac{\angle POA_{2n}}{2}=2r\sin\left(\frac{\theta}{2}+\frac{2n-1}{2n+1}\pi\right) \\
&= 2r\sin\left(\left(\frac{\theta}{2}+\frac{\pi}{2n+1}\right)+\frac{n-1}{2n+1}\cdot 2\pi\right)
\end{aligned}
$$

得

$$PA_2+PA_4+PA_6+\cdots+PA_{2n}$$

$$=2r\left(\sin\left(\frac{\theta}{2}+\frac{\pi}{2n+1}\right)+\sin\left(\left(\frac{\theta}{2}+\frac{\pi}{2n+1}\right)+\frac{2\pi}{2n+1}\right)+\sin\left(\left(\frac{\theta}{2}+\frac{\pi}{2n+1}\right)+\frac{2\cdot 2\pi}{2n+1}\right)+\cdots+\sin\left(\left(\frac{\theta}{2}+\frac{\pi}{2n+1}\right)+\frac{(n-1)2\pi}{2n+1}\right)\right)$$

$$=2r\sin\left(\left(\frac{\theta}{2}+\frac{\pi}{2n+1}\right)+\frac{n-1}{2}\cdot\frac{2\pi}{2n+1}\right)\cdot\frac{\sin\left(\frac{n}{2}\cdot\frac{2\pi}{2n+1}\right)}{\sin\frac{\pi}{2n+1}}$$

$$=2r\sin\left(\frac{\theta}{2}+\frac{n\pi}{2n+1}\right)\sin\frac{n\pi}{2n+1}\csc\frac{\pi}{2n+1}$$

比较上述两式,即得

$$PA_1+PA_3+PA_5+\cdots+PA_{2n+1}$$
$$=PA_2+PA_4+PA_6+\cdots+PA_{2n}$$

大家可以做后面的练习题 1 ~ 5 题,以巩固这一部分知识.

各角成等差数列的各余弦函数之和

第三章

若各余弦函数的各角依次为

$$\alpha,\alpha+\beta,\alpha+2\beta,\alpha+3\beta,\cdots,\alpha+(n-1)\beta$$

则各余弦函数的和为

$$S_1=\cos\alpha+\cos(\alpha+\beta)+\cos(\alpha+2\beta)+\cos(\alpha+3\beta)+\cdots+\cos(\alpha+(n-1)\beta)$$

$$=\frac{\cos\left(\alpha+\frac{n-1}{2}\beta\right)\sin\frac{n}{2}\beta}{\sin\frac{1}{2}\beta}\qquad(2)$$

证明　此三角级数的通项为

$$a_k = \cos(\alpha + (k-1)\beta)$$

为了将通项 a_k 拆成正、负两项，我们只有利用三角函数积化和差的形式. 因此就得用 $2\sin\frac{1}{2}\beta$ 乘以 a_k，得到如下式子

$$\begin{aligned}(2\sin\frac{1}{2}\beta)\cdot a_k &= 2\cos(\alpha+(k-1)\beta)\sin\frac{1}{2}\beta \\ &= \sin(\alpha+\frac{2k-1}{2}\beta) - \\ &\quad \sin(\alpha+\frac{2k-3}{2}\beta)\end{aligned}$$

令 $k = 1,2,3,\cdots,n$ 依次代入上式，得

$$(2\sin\frac{1}{2}\beta)\cdot a_1 = \sin(\alpha+\frac{1}{2}\beta) - \sin(\alpha-\frac{1}{2}\beta)$$

$$(2\sin\frac{1}{2}\beta)\cdot a_2 = \sin(\alpha+\frac{3}{2}\beta) - \sin(\alpha+\frac{1}{2}\beta)$$

$$(2\sin\frac{1}{2}\beta)\cdot a_3 = \sin(\alpha+\frac{5}{3}\beta) - \sin(\alpha+\frac{3}{2}\beta)$$

$$\vdots$$

$$(2\sin\frac{1}{2}\beta)\cdot a_n = \sin(\alpha+\frac{2n-1}{2}\beta) - \sin(\alpha+\frac{2n-3}{2}\beta)$$

将以上 n 式相加，得

$$\begin{aligned}&2\sin\frac{1}{2}\beta\cdot(a_1+a_2+a_3+\cdots+a_n) \\ &= \sin(\alpha+\frac{2n-1}{2}\beta) - \sin(\alpha-\frac{1}{2}\beta) \\ &= 2\cos(\alpha+\frac{n-1}{2}\beta)\sin\frac{n}{2}\beta\end{aligned}$$

故

$$S_n = \cos\alpha + \cos(\alpha+\beta) + \cos(\alpha+2\beta) + \cdots + \cos(\alpha+(n-1)\beta)$$

$$= \frac{\cos\left(\alpha+\frac{n-1}{2}\beta\right)\sin\frac{n}{2}\beta}{\sin\frac{n}{2}\beta}$$

例 11 若 $\alpha = \frac{2\pi}{17}$,求证

$$\cos\alpha + \cos 2\alpha + \cos 3\alpha + \cdots + \cos 8\alpha = -\frac{1}{2}$$

证明 令 $\alpha = \beta$,由公式(2)得

$$\cos\alpha + \cos 2\alpha + \cos 3\alpha + \cdots + \cos 8\alpha$$

$$= \frac{\cos\left(\alpha+\frac{7}{2}\alpha\right)\sin 4\alpha}{\sin\frac{\alpha}{2}}$$

$$= \frac{\cos\frac{9}{2}\alpha\sin 4\alpha}{\sin\frac{\alpha}{2}}$$

$$= \frac{1}{2}\cdot\frac{\sin\frac{17}{2}\alpha - \sin\frac{\alpha}{2}}{\sin\frac{\alpha}{2}}$$

将 $\alpha = \frac{2\pi}{17}$ 代入上式,得

$$\cos\alpha + \cos 2\alpha + \cos 3\alpha + \cdots + \cos 8\alpha$$

$$= \frac{1}{2}\cdot\frac{\sin\frac{17}{2}\cdot\frac{2\pi}{17} - \sin\frac{1}{2}\cdot\frac{2\pi}{17}}{\sin\frac{1}{2}\cdot\frac{2\pi}{17}}$$

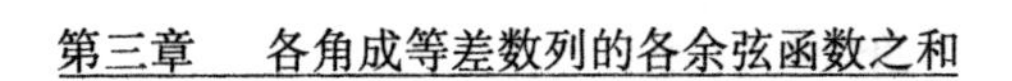

$$=\frac{1}{2}\cdot\frac{\sin\pi-\sin\frac{\pi}{17}}{\sin\frac{\pi}{17}}$$

$$=-\frac{1}{2}$$

所以原式成立.

例 12　若 $n\geqslant 2$,计算 $\cos\alpha+\cos(\alpha+\frac{2\pi}{n})+\cos(\alpha+\frac{4\pi}{n})+\cdots+\cos(\alpha+\frac{n-1}{n}\cdot 2\pi)$ 的值.

解　令 $\beta=\frac{2\pi}{n}$,由公式(2),得

$$\cos\alpha+\cos(\alpha+\frac{2\pi}{n})+\cos(\alpha+\frac{4\pi}{n})+\cdots+\cos(\alpha+\frac{n-1}{n}\cdot 2\pi)$$

$$=\frac{\cos(\alpha+\frac{n-1}{2}\cdot\frac{2\pi}{n})\sin(\frac{n}{2}\cdot\frac{2\pi}{n})}{\sin\frac{\pi}{n}}$$

$$=\frac{\cos(\alpha+\frac{n-1}{n}\pi)\sin\pi}{\sin\frac{\pi}{n}}$$

由已知 $n\geqslant 2$,所以 $\sin\frac{\pi}{n}\neq 0$.

但 $\sin\pi=0$. 所以

$$\cos\alpha+\cos(\alpha+\frac{2\pi}{n})+\cos(\alpha+\frac{4\pi}{n})+\cdots+\cos(\alpha+\frac{n-1}{n}2\pi)=0$$

例 13　求证

$$\cos\frac{\pi}{2n+1}+\cos\frac{3\pi}{2n+1}+\cos\frac{5\pi}{2n+1}+\cdots+\cos\frac{2n-1}{2n+1}\pi=\frac{1}{2}$$

证明　令 $\beta=\dfrac{\pi}{2n+1}$，由公式(2)，得

$$\cos\frac{\pi}{2n+1}+\cos\frac{3\pi}{2n+1}+\cos\frac{5\pi}{2n+1}+\cdots+\cos\frac{2n-1}{2n+1}\pi$$

$$=\frac{\cos\left(\frac{\pi}{2n+1}+\frac{n-1}{2}\cdot\frac{2\pi}{2n+1}\right)\sin\left(\frac{n}{2}\cdot\frac{2\pi}{2n+1}\right)}{\sin\frac{\pi}{2n+1}}$$

$$=\frac{\sin\frac{n\pi}{2n+1}\cdot\cos\frac{n\pi}{2n+1}}{\sin\frac{\pi}{2n+1}}$$

$$=\frac{1}{2}\cdot\frac{\sin\frac{2n\pi}{2n+1}}{\sin\frac{\pi}{2n+1}}$$

$$=\frac{1}{2}\cdot\frac{\sin\left(\pi-\frac{\pi}{2n+1}\right)}{\sin\frac{\pi}{2n+1}}$$

$$=\frac{1}{2}$$

例 14　求下式的值

$$S_n=\cos x+\sin 3x+\cos 5x+\sin 7x+\cos 9x+$$

$\sin 11x+\cdots+\cos(4n-3)x+\sin(4n-1)x$

解

$$S_n=\cos x+\cos 5x+\cos 9x+\cdots+\cos(4n-3)x+\sin 3x+\sin 7x+\sin 11x+\cdots+\sin(4n-1)x$$

$$=\frac{\cos\left(x+\frac{n-1}{2}\cdot 4x\right)\sin\frac{n}{2}\cdot 4x}{\sin 2x}+\frac{\sin\left(3x+\frac{n-1}{2}\cdot 4x\right)\sin\frac{n}{2}\cdot 4x}{\sin 2x}$$

$$=\frac{\cos(2n-1)x\sin 2nx}{\sin 2x}+\frac{\sin(2n+1)x\sin 2nx}{\sin 2x}$$

$$=\frac{\sin 2nx(\sin(2n+1)x+\cos(2n-1)x)}{\sin 2x}$$

$$=\frac{\sin 2nx}{\sin 2x}(\sin 2nx\cos x+\cos 2nx\sin x+\cos 2nx\cos x+\sin 2nx\sin x)$$

$$=\frac{\sin 2nx(\sin 2nx+\cos 2nx)(\sin x+\cos x)}{\sin 2x}$$

从上面的例11 ~ 14中,我们看到了公式(2)在解决最简单的三角级数求和中的优越性. 对于较为复杂的三角级数,只要我们能进行适当地化简和变形,再应用公式(2),也是能圆满地解决的. 下面我们再举一些例子.

例15　证明$\cos\frac{\pi}{7},\cos\frac{3\pi}{7},\cos\frac{5\pi}{7}$是方程$8x^3-4x^2-4x+1=0$的根. 并证明

$$\sec\frac{\pi}{7}+\sec\frac{3\pi}{7}+\sec\frac{5\pi}{7}=4$$

证明 (1) $\cos\frac{\pi}{7}+\cos\frac{3\pi}{7}+\cos\frac{5\pi}{7}=\frac{1}{2}.$

$$\cos\frac{\pi}{7}+\cos\frac{3\pi}{7}+\cos\frac{5\pi}{7}$$

$$=\frac{\cos(\frac{\pi}{7}+\frac{2\pi}{7})\sin\frac{3\pi}{7}}{\sin\frac{\pi}{7}}$$

$$=\frac{\sin\frac{3\pi}{7}\cos\frac{3\pi}{7}}{\sin\frac{\pi}{7}}=\frac{1}{2}\cdot\frac{\sin\frac{6\pi}{7}}{\sin\frac{\pi}{7}}=\frac{1}{2}$$

(2) $\cos\frac{\pi}{7}\cos\frac{3\pi}{7}+\cos\frac{\pi}{7}\cos\frac{5\pi}{7}+\cos\frac{3\pi}{7}\cos\frac{5\pi}{7}=-\frac{1}{2}.$

$$\cos\frac{\pi}{7}\cos\frac{3\pi}{7}+\cos\frac{\pi}{7}\cos\frac{5\pi}{7}+\cos\frac{3\pi}{7}\cos\frac{5\pi}{7}$$

$$=\cos\frac{\pi}{7}\cos\frac{3\pi}{7}+\cos\frac{\pi}{7}\cos\frac{5\pi}{7}+\cos\frac{4\pi}{7}\cos\frac{2\pi}{7}$$

$$=\frac{1}{2}(\cos\frac{4\pi}{7}+\cos\frac{2\pi}{7}+\cos\frac{6\pi}{7}+\cos\frac{4\pi}{7}+\cos\frac{6\pi}{7}+\cos\frac{2\pi}{7})=\cos\frac{2\pi}{7}+\cos\frac{4\pi}{7}+\cos\frac{6\pi}{7}$$

$$=\frac{\cos(\frac{2\pi}{7}+\frac{2\pi}{7})\sin\frac{3\pi}{7}}{\sin\frac{\pi}{7}}=\frac{\sin\frac{3\pi}{7}\cos\frac{4\pi}{7}}{\sin\frac{\pi}{7}}$$

$$=\frac{1}{2}\cdot\frac{\sin\pi-\sin\frac{\pi}{7}}{\sin\frac{\pi}{7}}=-\frac{1}{2}$$

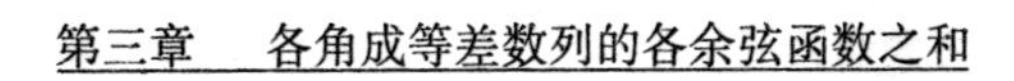

(3) $\cos\frac{\pi}{7}\cos\frac{3\pi}{7}\cos\frac{5\pi}{7}=-\frac{1}{8}$.

$$\cos\frac{\pi}{7}\cos\frac{3\pi}{7}\cos\frac{5\pi}{7}$$

$$=-\cos\frac{\pi}{7}\cos\frac{2\pi}{7}\cos\frac{3\pi}{7}$$

$$=-\frac{1}{2}\cdot\frac{2\sin\frac{\pi}{7}\cos\frac{\pi}{7}\cos\frac{2\pi}{7}\cos\frac{3\pi}{7}}{\sin\frac{\pi}{7}}$$

$$=-\frac{1}{2}\cdot\frac{\sin\frac{2\pi}{7}\cos\frac{2\pi}{7}\cos\frac{3\pi}{7}}{\sin\frac{\pi}{7}}$$

$$=-\frac{1}{4}\cdot\frac{\sin\frac{4\pi}{7}\cos\frac{3\pi}{7}}{\sin\frac{\pi}{7}}$$

$$=-\frac{1}{8}\cdot\frac{\sin\frac{6\pi}{7}}{\sin\frac{\pi}{7}}$$

$$=-\frac{1}{8}$$

根据(1),(2),(3),由韦达(*Vieta*)定理可知

$$\cos\frac{\pi}{7},\cos\frac{3\pi}{7},\cos\frac{5\pi}{7}$$

为方程

$$8x^3-4x^2-4x+1=0$$

的根. 令 $x=\frac{1}{y}$,则方程

$$8x^3-4x^2-4x+1=0$$

可以化为方程

$$y^3-4y^2-4y+8=0$$

由上面可知

$$\cos\frac{\pi}{7},\cos\frac{3\pi}{7},\cos\frac{5\pi}{7}$$

分别为方程

$$8x^3-4x^2-4x+1=0$$

的根，而 $x=\frac{1}{y}$，即

$$y=\frac{1}{x}=\frac{1}{\cos\frac{2k-1}{7}\pi}=\sec\frac{2k-1}{7}\pi\quad(k=1,2,3)$$

所以

$$\sec\frac{\pi}{7},\sec\frac{3\pi}{7},\sec\frac{5\pi}{7}$$

是方程

$$y^3-4y^2-4y+8=0$$

的根.

由韦达定理可知

$$\sec\frac{\pi}{7}+\sec\frac{3\pi}{7}+\sec\frac{5\pi}{7}=4$$

例 16 将半径为 R 的半圆周分成 n 等分，再从直径的一端向各分点联结成弦，求这些弦长的和.

解 如图 5，令 AB 为半圆的直径，$P_1,P_2,P_3,\cdots,P_{n-1}$ 为半圆周上的各等分点，$\angle P_1OB=x=\frac{\pi}{n}$.

由已知条件，则有

$$\angle P_1AB=\frac{1}{2}\angle P_1OB=\frac{x}{2}$$

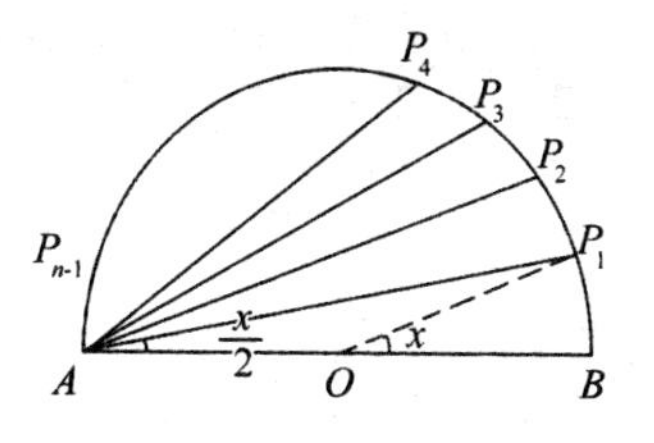

图 5

$$\angle P_2AB = \frac{1}{2}\angle P_2OB = \frac{x}{2} + \frac{x}{2}$$

$$\angle P_3AB = \frac{1}{2}\angle P_3OB = \frac{x}{2} + \frac{2x}{2}$$

$$\vdots$$

$$\angle P_{n-1}AB = \frac{1}{2}\angle P_{n-1}OB = \frac{x}{2} + \frac{(n-2)x}{2}$$

根据直径上的圆周角为直角,则有

$$AP_1 = 2R\cos\frac{x}{2}$$

$$AP_2 = 2R\cos(\frac{x}{2} + \frac{x}{2})$$

$$AP_3 = 2R\cos(\frac{x}{2} + \frac{2x}{2})$$

$$\vdots$$

$$AP_{n-1} = 2R\cos(\frac{x}{2} + \frac{n-2}{2}x)$$

将以上 $n-1$ 式相加,得

$$AP_1 + AP_2 + AP_3 + \cdots + AP_{n-1}$$
$$= 2R(\cos\frac{x}{2} + \cos(\frac{x}{2} + \frac{x}{2}) + \cos(\frac{x}{2} + \frac{2x}{2} + \cdots +$$
$$\cos(\frac{x}{2} + \frac{n-2}{2}x))$$

$$= 2R\frac{\cos\left(\frac{x}{2}+\frac{n-2}{2}\cdot\frac{x}{2}\right)\sin\left(\frac{n-1}{2}\cdot\frac{x}{2}\right)}{\sin\frac{x}{4}}$$

$$= 2R\frac{\cos\frac{nx}{4}\sin\frac{n-1}{4}x}{\sin\frac{1}{4}x}$$

因为 $x = \frac{\pi}{n}$,代入上式后化简得

$$AP_1 + AP_2 + AP_3 + \cdots + AP_{n-1} = R\left(\cot\frac{\pi}{4n} - 1\right)$$

例 17 设 P 为 $\odot O$ 所在平面上的一点,$\odot O$ 的半径为 r,点 P 距圆心 O 为 a. $A_1, A_2, A_3, \cdots, A_n$ 为圆内接正 n 边形的 n 个顶点.

求证:$PA_1^2 + PA_2^2 + PA_3^2 + \cdots + PA_n^2$ 为常数.

证明 $\odot O$ 将平面分成三个部分,即 $\odot O$ 的外部,$\odot O$ 的内部和 $\odot O$ 的圆周上. 因为 P 为平面上的点,那么点 P 可能在外部,即 $a > r$;可能在内部,即 $a < r$;也可能在圆周上,即 $a = r$.

令点 P 在 $\odot O$ 的外部,如图 6 所示. 因为 $A_1, A_2, A_3, \cdots, A_n$ 为圆内接正 n 边形的 n 个顶点,所以

$$\angle A_1OA_2 = \angle A_2OA_3 = \angle A_3OA_4 = \cdots = \angle A_nOA_1 = \frac{2\pi}{n}$$

设 $\angle POA_1 = \theta$,那么有

$$\angle POA_2 = \theta + \frac{2\pi}{n}$$

$$\angle POA_3 = \theta + \frac{2\cdot 2\pi}{n}$$

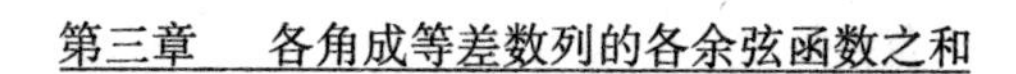

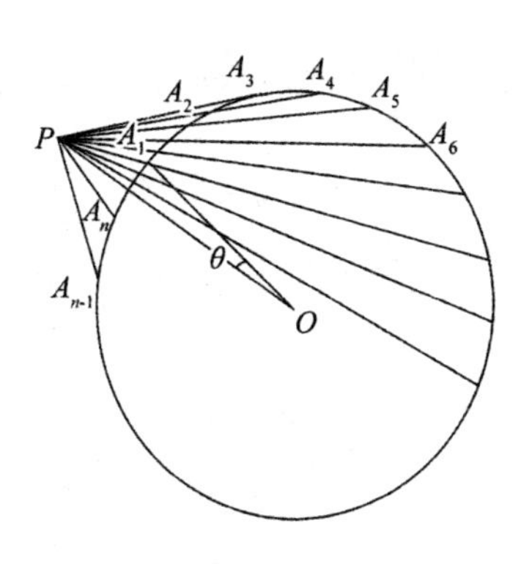

图6

$$\angle POA_4 = \theta + \frac{3 \cdot 2\pi}{n}$$

$$\vdots$$

$$\angle POA_n = \theta + \frac{(n-1) \cdot 2\pi}{n}$$

根据余弦定理

$$PA_1^2 = r^2 + a^2 - 2ra \cdot \cos\theta$$

$$PA_2^2 = r^2 + a^2 - 2ra \cdot \cos(\theta + \frac{2\pi}{n})$$

$$PA_3^2 = r^2 + a^2 - 2ra \cdot \cos(\theta + \frac{2 \cdot 2\pi}{n})$$

$$PA_4^2 = r^2 + a^2 - 2ra \cdot \cos(\theta + \frac{3 \cdot 2\pi}{n})$$

$$\vdots$$

$$PA_n^2 = r^2 + a^2 - 2ra \cdot \cos(\theta + \frac{(n-1)2\pi}{n})$$

将以上 n 式相加，得

$$PA_1^2 + PA_2^2 + PA_3^2 + \cdots + PA_n^2$$

$$= n(r^2 + a^2) - 2ra(\cos\theta + \cos(\theta + \frac{2\pi}{n}) +$$

$$\cos(\theta+\frac{2\cdot 2\pi}{n})+\cdots+\cos(\theta+\frac{n-1}{n}\cdot 2\pi))$$

$$=n(r^2+a^2)-2ra\frac{\cos(\theta+\frac{n-1}{2}\cdot\frac{2\pi}{n})\sin(\frac{n}{2}\cdot\frac{2\pi}{n})}{\sin\frac{\pi}{n}}$$

$$=n(r^2+a^2)-2ra\frac{\cos(\pi+(\theta-\frac{\pi}{n}))\sin\pi}{\sin\frac{\pi}{n}}$$

$$=n(r^2+a^2)$$

n 为圆内接正多边形的边数,r 为 $\odot O$ 的半径,a 为点 P 到圆心 O 的距离,这三个数都为常数,所以 $n(r^2+a^2)$ 为常数.

如果点 P 在圆周上,即 $r=a$,那么点 P 到圆内接正 n 边形各个顶点的距离的平方和应该为 $2nr^2$,即

$$\sum_{k=1}^{n} PA_k^2=2nr^2$$

如果点 P 在圆的内部,情况又将如何?读者可以自己证明一下.

例 18 在椭圆 $\frac{x^2}{a^2}+\frac{y^2}{b^2}=1$ 上放置 $n(n>1)$ 个点,使相邻两点与左焦点的连线所成的夹角均相等,即

$$\angle P_1FP_2=\angle P_2FP_3=\angle P_3FP_4=\cdots=\angle P_nFP_1$$

求证:这 n 个点到准线的距离的倒数和为常数.

证明 如图7所示,令 $\angle P_1FO=\theta,d_1,d_2,d_3,\cdots,d_n$ 分别为椭圆上 n 个点 $P_1,P_2,P_3,\cdots,P_n$ 到准线的距离. 准线的方程为 $x=-\frac{a^2}{c}$. 根据椭圆的定义

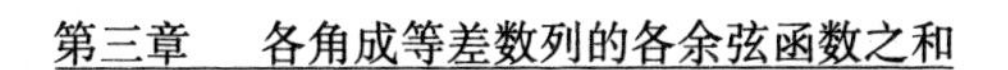

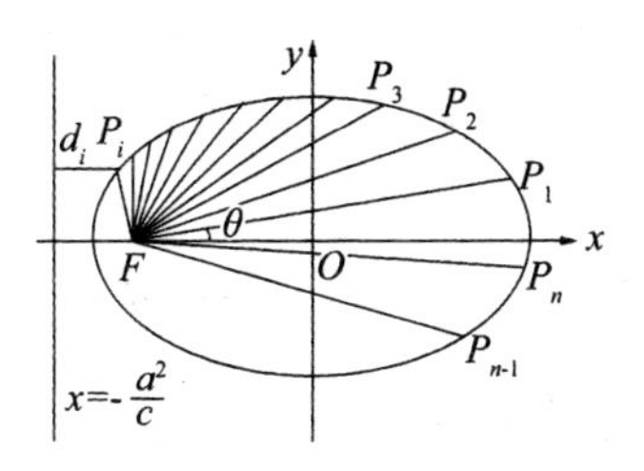

图7

$$\frac{|P_1F|}{d_1}=\frac{|P_2F|}{d_2}=\frac{|P_3F|}{d_3}=\cdots=\frac{|P_nF|}{d_n}=\frac{c}{a}$$

所以有

$$|P_1F|=\frac{c}{a}d_1,|P_2F|=\frac{c}{a}d_2$$

$$|P_3F|=\frac{c}{a}d_3,\cdots,|P_nF|=\frac{c}{a}d_n$$

由已知有

$$\angle P_1FP_2=\angle P_2FP_3=\angle P_3FP_4=\cdots=\angle P_nFP_1=\frac{2\pi}{n}$$

$$\angle P_1FO=\theta$$

$$\angle P_2FO=\theta+\frac{2\pi}{n}$$

$$\angle P_3FO=\theta+\frac{2\cdot 2\pi}{n}$$

$$\angle P_4FO=\theta+\frac{3\cdot 2\pi}{n}$$

$$\vdots$$

$$\angle P_nFO=\theta+\frac{n-1}{n}\cdot 2\pi$$

因此

$$d_1-|P_1F|\cos\theta=d_1-\frac{c}{a}d_1\cos\theta=\frac{a^2}{c}-c$$

所以

$$d_1 = \frac{\frac{b^2}{c}}{1 - \frac{c}{a}\cos\theta}$$

$$\frac{1}{d_1} = \frac{c}{b^2}(1 - \frac{c}{a}\cos\theta)$$

$$d_2 - |P_2F| \cos(\theta + \frac{2\pi}{n})$$

$$= d_2 - \frac{c}{a}d_2\cos(\theta + \frac{2\pi}{n}) = \frac{a^2}{c} - c$$

所以

$$d_2 = \frac{\frac{b^2}{c}}{1 - \frac{c}{a}\cos(\theta + \frac{2\pi}{n})}$$

$$\frac{1}{d_2} = \frac{c}{b^2}\left(1 - \frac{c}{a}\cos(\theta + \frac{2\pi}{n})\right)$$

$$d_3 - |P_3F| \cos(\theta + \frac{2 \cdot \pi}{n})$$

$$= d_3 - \frac{c}{a}d_3\cos(\theta + \frac{2 \cdot 2\pi}{n}) = \frac{a^2}{c} - c$$

所以

$$d_3 = \frac{\frac{b^2}{c}}{1 - \frac{c}{a}\cos(\theta + \frac{2 \cdot 2\pi}{n})}$$

$$\frac{1}{d_3} = \frac{c}{b^2}\left(1 - \frac{c}{a}\cos(\theta + \frac{2 \cdot 2\pi}{n})\right)$$

$$\vdots$$

$$d_n - |P_nF|\cos(\theta + \frac{n-1}{n}\cdot 2\pi)$$

$$= d_n - \frac{c}{a}d_n\cos(\theta + \frac{n-1}{n}\cdot 2\pi)$$

$$= \frac{a^2}{c} - c$$

所以

$$d_n = \frac{\frac{b^2}{c}}{1 - \frac{c}{a}\cos(\theta + \frac{n-1}{n}\cdot 2\pi)}$$

$$\frac{1}{d_n} = \frac{c}{b^2}(1 - \frac{c}{a}\cos(\theta + \frac{n-1}{n}\cdot 2\pi))$$

因此有

$$\frac{1}{d_1} + \frac{1}{d_2} + \frac{1}{d_3} + \cdots + \frac{1}{d_n}$$

$$= \frac{c}{b^2}(n - \frac{c}{a}(\cos\theta + \cos(\theta + \frac{2\pi}{n}) +$$

$$\cos(\theta + \frac{2\cdot 2\pi}{n}) + \cos(\theta + \frac{3\cdot 2\pi}{n}) + \cdots +$$

$$\cos(\theta + \frac{n-1}{n}\cdot 2\pi)))$$

$$= \frac{c}{b^2}\left(n - \frac{c}{a}\cdot\frac{\cos(\theta + \frac{n-1}{2}\cdot\frac{2\pi}{n})\sin\frac{n}{2}\cdot\frac{2\pi}{n}}{\sin\frac{\pi}{n}}\right)$$

$$= \frac{c}{b^2}\left(n - \frac{c}{a}\cdot\frac{\cos(\pi + \theta - \frac{\pi}{n})\sin\pi}{\sin\frac{\pi}{n}}\right) = \frac{cn}{b^2}$$

因为 c,n 为常数,所以 $\sum_{k=1}^{n}\frac{1}{d_k} = \frac{cn}{b^2}$ 为常数.(由已知

$n>1$,所以 $\sin\frac{\pi}{n}\neq 0$,式子有意义)

例 19 求下式的值

$$S_n=\frac{1}{1+\tan\alpha\tan 2\alpha}+\frac{1}{1+\tan 2\alpha\tan 4\alpha}+\frac{1}{1+\tan 3\alpha\tan 6\alpha}+\cdots+\frac{1}{1+\tan n\alpha\tan 2n\alpha}$$

解 将这个级数的通项 a_k 进行变形

$$\begin{aligned}a_k&=\frac{1}{1+\tan k\alpha\tan 2k\alpha}\\&=\frac{1}{1+\frac{\sin k\alpha}{\cos k\alpha}\cdot\frac{\sin 2k\alpha}{\cos 2k\alpha}}\\&=\frac{\cos k\alpha\cos 2k\alpha}{\cos k\alpha\cos 2k\alpha+\sin k\alpha\sin 2k\alpha}\\&=\frac{\cos 2k\alpha\cos k\alpha}{\cos(2k\alpha-k\alpha)}\\&=\cos 2k\alpha\end{aligned}$$

令 $k=1,2,3,\cdots,n$,依次代入此式,得

$$a_1=\frac{1}{1+\tan\alpha\tan 2\alpha}=\cos 2\alpha$$

$$a_2=\frac{1}{1+\tan 2\alpha\tan 4\alpha}=\cos 4\alpha$$

$$a_3=\frac{1}{1+\tan 3\alpha\tan 6\alpha}=\cos 6\alpha$$

$$\vdots$$

$$a_n=\frac{1}{1+\tan n\alpha\tan 2n\alpha}=\cos 2n\alpha$$

将以上 n 式相加,就得到

$$S_n=\cos 2\alpha+\cos 4\alpha+\cos 6\alpha+\cdots+\cos 2n\alpha$$

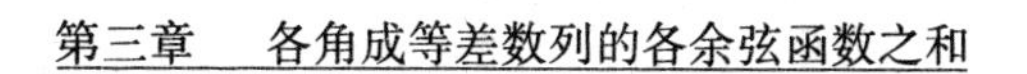

$$= \frac{\cos\left(2\alpha + \frac{n-1}{2} \cdot 2\alpha\right)\sin\frac{n}{2} \cdot 2\alpha}{\sin\alpha}$$

$$= \frac{\sin n\alpha}{\sin\alpha}\cos(n+1)\alpha$$

例20　求下式的值

$$S_n = \cos\alpha + 2\cos 2\alpha + 3\cos 3\alpha + \cdots + n\cos n\alpha$$

解　题目中,余弦函数符号下的各角依次组成等差数列,各项的系数也成等差数列.虽然不可能直接应用公式(2),但经过仔细观察和分析,我们可以将这个级数拆成 n 组各项为余弦函数的三角级数,再应用公式(2),问题就能求解了.

$$\begin{aligned} S_n &= \cos\alpha + 2\cos 2\alpha + 3\cos 3\alpha + \cdots + \\ &\quad (n-1)\cos(n-1)\alpha + n\cos n\alpha \\ &= \cos\alpha + \cos 2\alpha + \cos 3\alpha + \cdots + \cos(n-1)\alpha + \\ &\quad \cos n\alpha + \cos 2\alpha + \cos 3\alpha + \cdots + \cos(n-1)\alpha + \\ &\quad \cos n\alpha + \cos 3\alpha + \cdots + \cos(n-1)\alpha + \\ &\quad \cos n\alpha + \cdots + \cos(n-1)\alpha + \cos n\alpha + \cos n\alpha \end{aligned}$$

$$\cos\alpha + \cos 2\alpha + \cos 3\alpha + \cdots + \cos(n-1)\alpha + \cos n\alpha$$

$$= \frac{\cos\left(\alpha + \frac{n-1}{2}\alpha\right)\sin\frac{n}{2}\alpha}{\sin\frac{1}{2}\alpha} = \frac{\cos\frac{n+1}{2}\alpha\sin\frac{n}{2}\alpha}{\sin\frac{1}{2}\alpha}$$

$$= \frac{1}{2\sin\frac{1}{2}\alpha}\left(\sin\frac{2n+1}{2}\alpha - \sin\frac{1}{2}\alpha\right)$$

$$\cos 2\alpha + \cos 3\alpha + \cdots + \cos(n-1)\alpha + \cos n\alpha$$

$$=\frac{\cos\left(2\alpha+\frac{n-2}{2}\alpha\right)\sin\frac{n-1}{2}\cdot\alpha}{\sin\frac{1}{2}\alpha}$$

$$=\frac{\cos\frac{n+2}{2}\alpha\ \sin\frac{n-1}{2}\cdot\alpha}{\sin\frac{1}{2}\alpha}$$

$$=\frac{1}{2\sin\frac{1}{2}\alpha}\left(\sin\frac{2n+1}{2}\cdot\alpha-\sin\frac{3}{2}\alpha\right)$$

$$\cos 3\alpha+\cdots+\cos(n-1)\alpha+\cos n\alpha$$

$$=\frac{\cos\left(3\alpha+\frac{n-3}{2}\alpha\right)\sin\frac{n-2}{2}\cdot\alpha}{\sin\frac{1}{2}\alpha}$$

$$=\frac{\cos\frac{n+3}{2}\alpha\ \sin\frac{n-2}{2}\alpha}{\sin\frac{1}{2}\alpha}$$

$$=\frac{1}{2\sin\frac{1}{2}\alpha}\left(\sin\frac{2n+1}{2}\alpha-\sin\frac{5}{2}\alpha\right)$$

$$\vdots$$

$$\cos(n-1)\alpha+\cos n\alpha$$

$$=\frac{\cos\left((n-1)\alpha+\frac{1}{2}\alpha\right)\sin\alpha}{\sin\frac{1}{2}\alpha}$$

$$=\frac{\cos\frac{2n-1}{2}\alpha\ \sin\alpha}{\sin\frac{1}{2}\alpha}$$

$$= \frac{1}{2\sin\frac{1}{2}\alpha}\left(\sin\frac{2n+1}{2}\alpha - \sin\frac{2n-3}{2}\alpha\right)$$

$$\cos n\alpha = \frac{\cos n\alpha \sin\frac{1}{2}\alpha}{\sin\frac{1}{2}\alpha}$$

$$= \frac{1}{2\sin\frac{1}{2}\alpha}\left(\sin\frac{2n+1}{2}\alpha - \sin\frac{2n-1}{2}\alpha\right)$$

将上述 n 式相加,则有

$$S_n = \cos\alpha + 2\cos 2\alpha + 3\cos 3\alpha + \cdots + (n-1)\cos(n-1)\alpha + n\cos n\alpha$$

$$= \frac{1}{2\sin\frac{1}{2}\alpha}\left(n\sin\frac{2n+1}{2}\alpha - \sin\frac{1}{2}\alpha - \sin\frac{3}{2}\alpha - \sin\frac{5}{2}\alpha - \cdots - \sin\frac{2n-3}{2}\alpha - \sin\frac{2n-1}{2}\alpha\right)$$

$$= \frac{n\sin\frac{2n+1}{2}\alpha}{2\sin\frac{1}{2}\alpha} - \frac{1}{2\sin\frac{1}{2}\alpha}\left(\sin\frac{1}{2}\alpha + \sin\frac{3}{2}\alpha + \sin\frac{5}{2}\alpha + \cdots + \sin\frac{2n-3}{2}\alpha + \sin\frac{2n-1}{2}\alpha\right)$$

$$= \frac{n\sin\frac{2n+1}{2}\alpha}{2\sin\frac{1}{2}\alpha} - \frac{1}{2\sin\frac{1}{2}\alpha} \cdot \frac{\sin\left(\frac{1}{2}\alpha + \frac{n-1}{2}\alpha\right)\sin\frac{n}{2}\alpha}{\sin\frac{\alpha}{2}}$$

$$= \frac{n\sin\frac{2n+1}{2}\alpha}{2\sin\frac{1}{2}\alpha} - \frac{\sin^2\frac{n}{2}\alpha}{2\sin^2\frac{1}{2}\alpha}$$

$$= \frac{1}{2\sin^2\frac{1}{2}\alpha}\left(n\sin\frac{1}{2}\alpha\sin\frac{2n+1}{2}\alpha - \sin^2\frac{n}{2}\alpha\right)$$

本题也可以利用复数求解,其解法可见复数在三角级数中的应用.

大家可以做练习题6 ~ 18 题,以巩固这一部分知识.

第四章 通项为几个三角函数之积的三角级数

前面我们所讨论的三角级数，其通项都是由单独一个三角函数组成的，用公式(1)、(2)求解比较容易. 有的时候，三角级数的各项是由两个或者两个以上的三角函数组成. 在这种情况下，不能直接应用公式(1)、(2). 要解决这类问题，一般要进行三角恒等变形，能化简成简单的三角级数的就应用公式(1)、(2)，如果不能化简成简单的三角级数就得依不同情况而用不同方法. 下面我们来研究有关这方面的三角级数.

一、三角级数的通项是由几个正弦函数、余弦函数之积组成

一般解法是利用三角函数的积化和差公式将其通项化成两个三角函数的和或差.

例 21 求和

$$S_n = \sin\alpha\sin 2\alpha + \sin 2\alpha\sin 3\alpha + \sin 3\alpha\sin 4\alpha + \cdots + \sin n\alpha\sin(n+1)\alpha$$

解 将其通项 a_k 变形

$$a_k = \sin k\alpha\sin(k+1)\alpha = \frac{1}{2}(\cos\alpha - \cos(2k+1)\alpha)$$

令 $k = 1,2,3,\cdots,n$,依次代入此式,得

$$a_1 = \sin\alpha\sin 2\alpha = \frac{1}{2}(\cos\alpha - \cos 3\alpha)$$

$$a_2 = \sin 2\alpha\sin 3\alpha = \frac{1}{2}(\cos\alpha - \cos 5\alpha)$$

$$a_3 = \sin 3\alpha\sin 4\alpha = \frac{1}{2}(\cos\alpha - \cos 7\alpha)$$

$$\vdots$$

$$a_n = \sin n\alpha\sin(n+1)\alpha = \frac{1}{2}(\cos\alpha - \cos(2n+1)\alpha)$$

将上述 n 式相加,得

$$S_n = a_1 + a_2 + a_3 + \cdots + a_n$$

$$= \sin\alpha\sin 2\alpha + \sin 2\alpha\sin 3\alpha + \sin 3\alpha\sin 4\alpha + \cdots + \sin n\alpha\sin(n+1)\alpha$$

$$= \frac{1}{2}(n\cos\alpha - (\cos 3\alpha + \cos 5\alpha +$$

$$\cos 7\alpha + \cdots + \cos(2n+1)\alpha))$$

$$= \frac{1}{2}\left(n\cos\alpha - \frac{\cos\left(3\alpha + \frac{n-1}{2}2\alpha\right)\sin\frac{n}{2}2\alpha}{\sin\alpha}\right)$$

$$= \frac{1}{2}\cdot\frac{n\sin\alpha\cos\alpha - \cos(n+2)\alpha\sin n\alpha}{\sin\alpha}$$

$$= \frac{1}{4}\cdot\frac{n\sin 2\alpha + \sin 2\alpha - \sin 2(n+1)\alpha}{\sin\alpha}$$

$$= \frac{1}{4}((n+1)\sin 2\alpha - \sin 2(n+1)\alpha)\csc\alpha$$

例 22　求下式的值

$$S_n = \cos 2\theta\cos 4\theta + \cos 3\theta\cos 6\theta + \cos 4\theta\cos 8\theta + \cdots + \cos(n+1)\theta\cos 2(n+1)\theta$$

解　将其通项 a_k 变形

$$a_k = \cos(k+1)\theta\cos 2(k+1)\theta = \frac{1}{2}(\cos(k+1)\theta + \cos 3(k+1)\theta)$$

令 $k = 1,2,3,\cdots,n$,依次代入此式,得

$$a_1 = \cos 2\theta\cos 4\theta = \frac{1}{2}(\cos 2\theta + \cos 6\theta)$$

$$a_2 = \cos 3\theta\cos 6\theta = \frac{1}{2}(\cos 3\theta + \cos 9\theta)$$

$$a_3 = \cos 4\theta\cos 8\theta = \frac{1}{2}(\cos 4\theta + \cos 12\theta)$$

$$\vdots$$

$$a_n = \cos(n+1)\theta\cos 2(n+1)\theta = \frac{1}{2}(\cos(n+1)\theta + \cos 3(n+1)\theta)$$

将上述 n 式相加,得

$$
\begin{aligned}
S_n &= a_1 + a_2 + a_3 + \cdots + a_n \\
&= \cos 2\theta \cos 4\theta + \cos 3\theta \cos 6\theta + \cos 4\theta \cos 8\theta + \cdots + \cos (n+1)\theta \cos 2(n+1)\theta \\
&= \frac{1}{2}(\cos 2\theta + \cos 3\theta + \cos 4\theta + \cdots + \cos 3(n+1)\theta) + \frac{1}{2}(\cos 6\theta + \cos 9\theta + \cos 12\theta + \cdots + \cos 3(n+1)\theta) \\
&= \frac{1}{2} \cdot \frac{\cos (2\theta + \frac{n-1}{2}\theta) \sin \frac{n}{2}\theta}{\sin \frac{1}{2}\theta} + \frac{1}{2} \cdot \frac{\cos (6\theta + \frac{n-1}{2} \cdot 3\theta) \sin \frac{n}{2} \cdot 3\theta}{\sin \frac{3}{2}\theta} \\
&= \frac{1}{2}(\cos \frac{n+3}{2}\theta \sin \frac{n\theta}{2} \csc \frac{\theta}{2} + \cos \frac{3(n+3)}{2}\theta \sin \frac{3n\theta}{2} \csc \frac{3\theta}{2})
\end{aligned}
$$

例 23 求证

$\cos \alpha \sin 2\alpha + \sin 2\alpha \cos 3\alpha + \cos 3\alpha \sin 4\alpha + \cdots + \cos (2n-1)\alpha \sin 2n\alpha + \sin 2n\alpha \cos (2n+1)\alpha = \frac{1}{2}\sin 2(n+1)\alpha \sin 2n\alpha \csc\alpha.$

证明

原式左边 $= (\cos \alpha \sin 2\alpha + \cos 3\alpha \sin 4\alpha + \cdots + \cos (2n-1)\alpha \sin 2n\alpha) + (\sin 2\alpha \cos 3\alpha + \sin 4\alpha \cos 5\alpha + \cdots + \sin 2n\alpha \cos (2n+1)\alpha)$

令

$$M=\cos\alpha\sin 2\alpha+\cos 3\alpha\sin 4\alpha+\cdots+\cos(2n-1)\alpha\sin 2n\alpha$$

$$N=\sin 2\alpha\cos 3\alpha+\sin 4\alpha\cos 5\alpha+\cdots+\sin 2n\alpha\cos(2n+1)\alpha$$

则三角级数 M 的通项为

$$a_k=\cos(2k-1)\alpha\sin 2k\alpha=\frac{1}{2}(\sin(4k-1)\alpha+\sin\alpha)$$

令 $k=1,2,3,\cdots,n$,依次代入上式

$$a_1=\cos\alpha\sin 2\alpha=\frac{1}{2}(\sin 3\alpha+\sin\alpha)$$

$$a_2=\cos 3\alpha\sin 4\alpha=\frac{1}{2}(\sin 7\alpha+\sin\alpha)$$

$$a_3=\cos 5\alpha\sin 6\alpha=\frac{1}{2}(\sin 11\alpha+\sin\alpha)$$

$$\vdots$$

$$a_n=\cos(2n-1)\alpha\sin 2n\alpha=\frac{1}{2}(\sin(4n-1)\alpha+\sin\alpha)$$

将以上 n 式相加,得

$$\begin{aligned}M&=a_1+a_2+a_3+\cdots+a_n\\&=\cos\alpha\sin 2\alpha+\cos 3\alpha\sin 4\alpha+\cdots+\cos(2n-1)\alpha\sin 2n\alpha\\&=\frac{1}{2}(n\sin\alpha+\sin 3\alpha+\sin 7\alpha+\sin 11\alpha+\cdots+\sin(4n-1)\alpha)\end{aligned}$$

又三角级数 N 的通项为

$$b_k=\sin 2k\alpha\cos(2k+1)\alpha$$

$$= \frac{1}{2}(\sin(4k+1)\alpha - \sin\alpha)$$

令 $k = 1,2,3,\cdots,n$,依次代入上式得

$$b_1 = \sin 2\alpha\cos 3\alpha = \frac{1}{2}(\sin 5\alpha - \sin\alpha)$$

$$b_2 = \sin 4\alpha\cos 5\alpha = \frac{1}{2}(\sin 9\alpha - \sin\alpha)$$

$$b_3 = \sin 6\alpha\cos 7\alpha = \frac{1}{2}(\sin 13\alpha - \sin\alpha)$$

$$\vdots$$

$$b_n = \sin 2n\alpha\cos(2n+1)\alpha = \frac{1}{2}(\sin(4n+1)\alpha - \sin\alpha)$$

将以上 n 式相加,得

$$N = b_1 + b_2 + b_3 + \cdots + b_n = \sin 2\alpha\cos 3\alpha + \sin 4\alpha\cos 5\alpha + \cdots + \sin 2n\alpha\cos(2n+1)\alpha = \frac{1}{2}(\sin 5\alpha + \sin 9\alpha + \sin 13\alpha + \cdots + \sin(4n+1)\alpha - n\sin\alpha)$$

原式左边 $= M + N$

$$= \frac{1}{2}(\sin 3\alpha + \sin 5\alpha + \sin 7\alpha + \cdots + \sin(4n-1)\alpha + \sin(4n+1)\alpha)$$

$$= \frac{1}{2}\cdot\frac{\sin\left(3\alpha + \frac{2n-1}{2}\cdot 2\alpha\right)\cdot\sin\frac{2n}{2}2\alpha}{\sin\alpha}$$

$$= \frac{1}{2}\sin 2(n+1)\alpha\cdot\sin 2n\alpha\cdot\csc\alpha$$

如果通项为两个以上的三角函数(正弦函数或余

弦函数）之积组成的三角函数，其解法为先化简成通项为两个三角函数之积的三角级数，再化简成通项为单独一个三角函数的三角级数，最后应用公式(1)、(2)求解.

例 24　求下式的值

$$S_n=\cos\theta\cos 2\theta\cos 3\theta+\cos 2\theta\cos 3\theta\cos 4\theta+\cdots+\cos n\theta\cos(n+1)\theta\cos(n+2)\theta$$

解　此级数的通项 a_k 可化为

$$\begin{aligned}a_k&=\cos k\theta\cos(k+1)\theta\cos(k+2)\theta\\&=\frac{1}{2}(\cos 2(k+1)\theta+\cos 2\theta)\cos(k+1)\theta\\&=\frac{1}{2}(\cos 2(k+1)\theta\cos(k+1)\theta+\cos 2\theta\cos(k+1)\theta)\end{aligned}$$

令 $k=1,2,3,\cdots,n$，依次代入上式，得

$$\begin{aligned}a_1&=\cos\theta\cos 2\theta\cos 3\theta\\&=\frac{1}{2}(\cos 4\theta\cos 2\theta+\cos 2\theta\cos 2\theta)\\a_2&=\cos 2\theta\cos 3\theta\cos 4\theta\\&=\frac{1}{2}(\cos 6\theta\cos 3\theta+\cos 2\theta\cos 3\theta)\\a_3&=\cos 3\theta\cos 4\theta\cos 5\theta\\&=\frac{1}{2}(\cos 8\theta\cos 4\theta+\cos 2\theta\cos 4\theta)\end{aligned}$$

$$\vdots$$

$$\begin{aligned}a_n&=\cos n\theta\cos(n+1)\theta\cos(n+2)\theta\\&=\frac{1}{2}(\cos 2(n+1)\theta\cos(n+1)\theta+\cos 2\theta\cos(n+1)\theta)\end{aligned}$$

将以上 n 式相加,得

$$S_n = a_1 + a_2 + a_3 + \cdots + a_n$$
$$= \cos\theta\cos 2\theta\cos 3\theta + \cos 2\theta\cos 3\theta\cos 4\theta + \cdots + \cos n\theta\cos(n+1)\theta\cos(n+2)\theta$$
$$= \frac{1}{2}(\cos 2\theta\cos 4\theta + \cos 3\theta\cos 6\theta + \cdots + \cos(n+1)\theta\cos 2(n+1)\theta) + \frac{1}{2}\cos 2\theta(\cos 2\theta + \cos 3\theta + \cos 4\theta + \cdots + \cos(n+1)\theta)$$

由例 22,得

$$\cos 2\theta\cos 4\theta + \cos 3\theta\cos 6\theta + \cdots + \cos(n+1)\theta\cos 2(n+1)\theta$$
$$= \frac{1}{2}\left(\cos\frac{n+3}{2}\theta\sin\frac{n\theta}{2}\csc\frac{\theta}{2} + \cos\frac{3(n+3)}{2}\theta\sin\frac{3n\theta}{2}\csc\frac{3\theta}{2}\right)$$

又

$$\cos 2\theta + \cos 3\theta + \cos 4\theta + \cdots + \cos(n+1)\theta$$
$$= \frac{\cos\left(2\theta + \frac{n-1}{2}\theta\right)\sin\frac{n}{2}\theta}{\sin\frac{1}{2}\theta}$$
$$= \cos\frac{n+3}{2}\theta\sin\frac{n}{2}\theta\csc\frac{1}{2}\theta$$

故

$$S_n = \frac{1}{2}\left(\cos\frac{n+3}{2}\theta\sin\frac{n\theta}{2}\csc\frac{\theta}{2} + \cos\frac{3(n+3)}{2}\theta\sin\frac{3n\theta}{2}\csc\frac{3\theta}{2}\right) +$$

$$\frac{1}{2}\cos 2\theta\cos\frac{n+3}{2}\theta\sin\frac{n}{2}\theta\csc\frac{1}{2}\theta$$

$$=\frac{1}{2}\cos\frac{n+3}{2}\theta\sin\frac{n\theta}{2}\csc\frac{\theta}{2}(1+\cos 2\theta)+$$

$$\frac{1}{2}\cos\frac{3(n+3)}{2}\theta\sin\frac{3n\theta}{2}\csc\frac{3\theta}{2}$$

二、通项为正弦函数(或余弦函数)的正整数次幂的三角级数

这类级数的一般解法是利用倍角公式将三角函数降成一次幂的形式,然后再用公式(1)、(2)求解.

例 25　求下式的值

$$S_n=\sin^2\theta+\sin^2(\theta+\alpha)+\sin^2(\theta+2\alpha)+\cdots+\sin^2(\theta+(n-1)\alpha)$$

解　令此级数的通项为 a_k,则

$$2a_k=2\sin^2(\theta+(k-1)\alpha)$$
$$=1-\cos(2\theta+2(k-1)\alpha)$$

令 $k=1,2,3,\cdots,n$ 代入上式,得

$$2a_1=2\sin^2\theta=1-\cos 2\theta$$
$$2a_2=2\sin^2(\theta+\alpha)=1-\cos(2\theta+2\alpha)$$
$$2a_3=2\sin^2(\theta+2\alpha)=1-\cos(2\theta+4\alpha)$$
$$\vdots$$
$$2a_n=2\sin^2(\theta+(n-1)\alpha)$$
$$=1-\cos(2\theta+2(n-1)\alpha)$$

将以上 n 式相加,得

$$2S_n=2(a_1+a_2+a_3+\cdots+a_n)$$
$$=2(\sin^2\theta+\sin^2(\theta+\alpha)+\sin^2(\theta+2\alpha)+\cdots+\sin^2(\theta+(n-1)\alpha))$$

$$= n - (\cos 2\theta + \cos(2\theta + 2\alpha) + \cos(2\theta + 4\alpha) + \cdots + \cos(2\theta + 2(n-1)\alpha))$$

$$= n - \frac{\cos\left(2\theta + \frac{n-1}{2}\cdot 2\alpha\right)\sin\frac{n}{2}\cdot 2\alpha}{\sin\alpha}$$

$$= n - \frac{\cos(2\theta + (n-1)\alpha)\sin n\alpha}{\sin\alpha}$$

所以有

$$S_n = \sin^2\theta + \sin^2(\theta + \alpha) + \sin^2(\theta + 2\alpha) + \cdots + \sin^2(\theta + (n-1)\alpha)$$

$$= \frac{n}{2} - \frac{1}{2}\cos(2\theta + (n-1)\alpha)\sin n\alpha\csc\alpha$$

例 26 求下式的值

$$S_n = \cos^3\alpha + \cos^3 2\alpha + \cos^3 3\alpha + \cdots + \cos^3 n\alpha$$

解 此级数的通项为 $a_k = \cos^3 k\alpha$,因为

$$\cos 3k\alpha = 4\cos^3 k\alpha - 3\cos k\alpha$$

所以

$$4a_k = 4\cos^3 k\alpha = 3\cos k\alpha + \cos 3k\alpha$$

令 $k = 1,2,3,\cdots,n$ 代入此式,得

$$4a_1 = 4\cos^3\alpha = 3\cos\alpha + \cos 3\alpha$$

$$4a_2 = 4\cos^3 2\alpha = 3\cos 2\alpha + \cos 6\alpha$$

$$4a_3 = 4\cos^3 3\alpha = 3\cos 3\alpha + \cos 9\alpha$$

$$\vdots$$

$$4a_n = 4\cos^3 n\alpha = 3\cos n\alpha + \cos 3n\alpha$$

将以上 n 式相加,得

$$4S_n = 4(a_1 + a_2 + a_3 + \cdots + a_n)$$

$$= 4(\cos^3\alpha + \cos^3 2\alpha + \cos^3 3\alpha + \cdots + \cos^3 n\alpha)$$

$$= 3(\cos\alpha + \cos 2\alpha + \cos 3\alpha + \cdots + \cos n\alpha) +$$

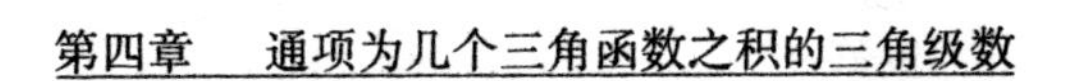

$$(\cos 3\alpha+\cos 6\alpha+\cos 9\alpha+\cdots+\cos 3n\alpha)$$

$$=3\frac{\cos\left(\alpha+\frac{n-1}{2}\alpha\right)\sin\frac{n}{2}\alpha}{\sin\frac{1}{2}\alpha}+$$

$$\frac{\cos\left(3\alpha+\frac{n-1}{2}3\alpha\right)\sin\frac{n}{2}3\alpha}{\sin\frac{3}{2}\alpha}$$

$$=3\frac{\cos\frac{n+1}{2}\alpha\sin\frac{n}{2}\alpha}{\sin\frac{1}{2}\alpha}+$$

$$\frac{\cos\frac{3(n+1)}{2}\alpha\sin\frac{3n}{2}\alpha}{\sin\frac{3}{2}\alpha}$$

$$=3\cos\frac{n+1}{2}\alpha\sin\frac{n}{2}\alpha\csc\frac{1}{2}\alpha+$$

$$\cos\frac{3(n+1)}{2}\alpha\sin\frac{3n}{2}\alpha\csc\frac{3}{2}\alpha$$

所以

$$S_n=\cos^3\alpha+\cos^3 2\alpha+\cos^3 3\alpha+\cdots+\cos^3 n\alpha$$

$$=\frac{3}{4}\cos\frac{n+1}{2}\alpha\sin\frac{n}{2}\alpha\csc\frac{1}{2}\alpha+$$

$$\frac{1}{4}\sin\frac{3n\alpha}{2}\cos\frac{3(n+1)}{2}\alpha\csc\frac{3}{2}\alpha$$

例 27　求下式的值

$$S_n=\sin^4\alpha+\sin^4 2\alpha+\sin^4 3\alpha+\cdots+\sin^4 n\alpha$$

解　由倍角公式可得

$$\cos 2k\alpha=1-2\sin^2 k\alpha$$

$$2\sin^2 k\alpha = 1 - \cos 2k\alpha$$

所以

$$4\sin^4 k\alpha = (1 - \cos 2k\alpha)^2 = 1 - 2\cos 2k\alpha + \cos^2 2k\alpha$$

$$8\sin^4 k\alpha = 2 + 2\cos^2 2k\alpha - 4\cos 2k\alpha = 3 + (2\cos^2 2k\alpha - 1) - 4\cos 2k\alpha = 3 + \cos 4k\alpha - 4\cos 2k\alpha$$

令 $k = 1,2,3,\cdots,n$,代入上式,得

$$8\sin^4\alpha = 3 + \cos 4\alpha - 4\cos 2\alpha$$

$$8\sin^4 2\alpha = 3 + \cos 8\alpha - 4\cos 4\alpha$$

$$8\sin^4 3\alpha = 3 + \cos 12\alpha - 4\cos 6\alpha$$

$$\vdots$$

$$8\sin^4 n\alpha = 3 + \cos 4n\alpha - 4\cos 2n\alpha$$

将以上 n 式相加,得

$$8S_n = 8(\sin^4\alpha + \sin^4 2\alpha + \sin^4 3\alpha + \cdots + \sin^4 n\alpha) = 3n + (\cos 4\alpha + \cos 8\alpha + \cos 12\alpha + \cdots + \cos 4n\alpha) - 4(\cos 2\alpha + \cos 4\alpha + \cos 6\alpha + \cdots + \cos 2n\alpha)$$

$$= 3n + \frac{\cos\left(4\alpha + \frac{n-1}{2}\cdot 4\alpha\right)\sin\frac{n}{2}\cdot 4\alpha}{\sin 2\alpha} - 4\frac{\cos\left(2\alpha + \frac{n-1}{2}\cdot 2\alpha\right)\sin\frac{n}{2}\cdot 2\alpha}{\sin\alpha}$$

$$= 3n + \frac{\cos 2(n+1)\alpha\sin 2n\alpha}{\sin 2\alpha} - 4\frac{\cos(n+1)\alpha\sin n\alpha}{\sin\alpha}$$

$$= 3n + \cos 2(n+1)\alpha\sin 2n\alpha\csc 2\alpha -$$

$$4\cos(n+1)\alpha\sin n\alpha\csc\alpha$$

所以

$$S_n = \sin^4\alpha + \sin^4 2\alpha + \sin^4 3\alpha + \cdots + \sin^4 n\alpha$$

$$= \frac{1}{8}(3n + \cos 2(n+1)\alpha\sin 2n\alpha\csc 2\alpha -$$

$$4\cos(n+1)\alpha\sin n\alpha\csc\alpha)$$

例 28　不查表计算下列各题

(1) $\sin^4\frac{\pi}{16} + \sin^4\frac{3\pi}{16} + \sin^4\frac{5\pi}{16} + \sin^4\frac{7\pi}{16}$;

(2) $\cos^4\frac{\pi}{8} + \cos^4\frac{3\pi}{8} + \cos^4\frac{5\pi}{8} + \cos^4\frac{7\pi}{8}$.

解　(1)

$$\sin^4\frac{\pi}{16} + \sin^4\frac{3\pi}{16} + \sin^4\frac{5\pi}{16} + \sin^4\frac{7\pi}{16}$$

$$= (\sin^2\frac{\pi}{16})^2 + (\sin^2\frac{3\pi}{16})^2 +$$

$$(\sin^2\frac{5\pi}{16})^2 + (\sin^2\frac{7\pi}{16})^2$$

$$= (1 - \cos^2\frac{\pi}{16})^2 + (1 - \cos^2\frac{3\pi}{16})^2 +$$

$$(1 - \cos^2\frac{5\pi}{16})^2 + (1 - \cos^2\frac{7\pi}{16})^2$$

$$= (1 - \frac{1 + \cos\frac{\pi}{8}}{2})^2 + (1 - \frac{1 + \cos\frac{3\pi}{8}}{2})^2 +$$

$$(1 - \frac{1 + \cos\frac{5\pi}{8}}{2})^2 + (1 - \frac{1 + \cos\frac{7\pi}{8}}{2})^2$$

$$= \frac{1}{4}((1 - \cos\frac{\pi}{8})^2 + (1 - \cos\frac{3\pi}{8})^2 +$$

$$(1-\cos\frac{5\pi}{8})^2+(1-\cos\frac{7\pi}{8})^2)$$

$$=\frac{1}{4}(4-2(\cos\frac{\pi}{8}+\cos\frac{3\pi}{8}+\cos\frac{5\pi}{8}+$$

$$\cos\frac{7\pi}{8})+(\cos^2\frac{\pi}{8}+\cos^2\frac{3\pi}{8}+$$

$$\cos^2\frac{5\pi}{8}+\cos^2\frac{7\pi}{8}))$$

$$=\frac{1}{4}(4-2(\cos\frac{\pi}{8}+\cos\frac{3\pi}{8}+\cos\frac{5\pi}{8}+$$

$$\cos\frac{7\pi}{8})+\frac{1}{2}(4+\cos\frac{\pi}{4}+\cos\frac{3\pi}{4}+$$

$$\cos\frac{5\pi}{4}+\cos\frac{7\pi}{4}))$$

$$=\frac{1}{4}(4-2\frac{\cos(\frac{\pi}{8}+\frac{3}{2}\cdot\frac{2\pi}{8})\sin 2\cdot\frac{2\pi}{8}}{\sin\frac{\pi}{8}}+$$

$$\frac{1}{2}(4+\frac{\cos(\frac{\pi}{4}+\frac{3}{2}\cdot\frac{2\pi}{4})\sin 2\cdot\frac{2\pi}{4}}{\sin\frac{\pi}{4}}))$$

$$=\frac{1}{4}(4-2\frac{\cos\frac{\pi}{2}\sin\frac{\pi}{2}}{\sin\frac{\pi}{8}}+\frac{1}{2}(4+\frac{\cos\pi\sin\pi}{\sin\frac{\pi}{4}}))$$

$$=\frac{1}{4}(4+2)$$

$$=\frac{3}{2}$$

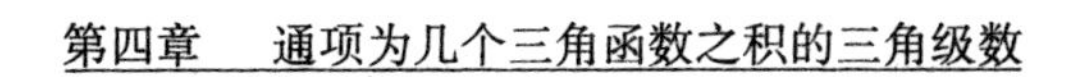

(2)

$$\cos^4\frac{\pi}{8}+\cos^4\frac{3\pi}{8}+\cos^4\frac{5\pi}{8}+\cos^4\frac{7\pi}{8}$$

$$=(\cos^2\frac{\pi}{8})^2+(\cos^2\frac{3\pi}{8})^2+$$

$$(\cos^2\frac{5\pi}{8})^2+(\cos^2\frac{7\pi}{8})^2$$

$$=(\frac{1+\cos\frac{\pi}{4}}{2})^2+(\frac{1+\cos\frac{3\pi}{4}}{2})^2+$$

$$(\frac{1+\cos\frac{5\pi}{4}}{2})^2+(\frac{1+\cos\frac{7\pi}{4}}{2})^2$$

$$=\frac{1}{4}(4+2(\cos\frac{\pi}{4}+\cos\frac{3\pi}{4}+\cos\frac{5\pi}{4}+$$

$$\cos\frac{7\pi}{4})+\cos^2\frac{\pi}{4}+\cos^2\frac{3\pi}{4}+$$

$$\cos^2\frac{5\pi}{4}+\cos^2\frac{7\pi}{4})$$

$$=\frac{1}{4}(4+2(\cos\frac{\pi}{4}+\cos\frac{3\pi}{4}+\cos\frac{5\pi}{4}+$$

$$\cos\frac{7\pi}{4})+\frac{1}{2}(4+\cos\frac{\pi}{2}+\cos\frac{3\pi}{2}+$$

$$\cos\frac{5\pi}{2}+\cos\frac{7\pi}{2})$$

$$=\frac{1}{4}(4+2\frac{\cos(\frac{\pi}{4}+\frac{3}{2}\cdot\frac{\pi}{2})\sin 2\cdot\frac{\pi}{2}}{\sin\frac{\pi}{4}}+$$

$$\frac{1}{2}(4+0))$$

$$= \frac{1}{4}(4+2)$$

$$= \frac{3}{2}$$

三、通项是由几个正切函数之积组成的三角级数

这类级数求和的解法往往由于题目的形式不同，而方法也有所不同，但正切的和(差)角公式即

$$\tan(\alpha \pm \beta) = \frac{\tan\alpha \pm \tan\beta}{1 \mp \tan\alpha\tan\beta}$$

在解决这类题目中“扮演”着很重要的角色. 因此要给以足够的重视.

下面几例足以说明这一点.

例 29 求证

$\tan\alpha\tan 2\alpha + \tan 2\alpha\tan 3\alpha + \cdots + \tan(n-1)\alpha.$

$$\tan n\alpha = \frac{\tan n\alpha}{\tan\alpha} - n$$

证明

$$\begin{aligned}\tan\alpha &= \tan(k\alpha - k\alpha + \alpha)\\ &= \tan(k\alpha - (k-1)\alpha)\\ &= \frac{\tan k\alpha - \tan(k-1)\alpha}{1+\tan k\alpha\tan(k-1)\alpha}\end{aligned}$$

所以

$$\tan\alpha + \tan\alpha\tan(k-1)\alpha\tan k\alpha = \tan k\alpha - \tan(k-1)\alpha$$

$$\tan\alpha\tan(k-1)\alpha\tan k\alpha = \tan k\alpha - \tan(k-1)\alpha - \tan\alpha$$

$$\tan(k-1)\alpha\tan k\alpha = \frac{\tan k\alpha - \tan(k-1)\alpha}{\tan\alpha} - 1$$

因为此级数的通项 $a_{k-1} = \tan(k-1)\alpha\tan k\alpha$，所以令

$k=2,3,4,\cdots,n$,依次代入上式,得

$$a_1=\tan\alpha\tan 2\alpha=\frac{\tan 2\alpha-\tan\alpha}{\tan\alpha}-1$$

$$a_2=\tan 2\alpha\tan 3\alpha=\frac{\tan 3\alpha-\tan 2\alpha}{\tan\alpha}-1$$

$$a_3=\tan 3\alpha\tan 4\alpha=\frac{\tan 4\alpha-\tan 3\alpha}{\tan\alpha}-1$$

$$\vdots$$

$$a_{n-1}=\tan(n-1)\alpha\tan n\alpha=\frac{\tan n\alpha-\tan(n-1)\alpha}{\tan\alpha}-1$$

将以上 $n-1$ 个式子相加,得

$$\begin{aligned}&\tan\alpha\tan 2\alpha+\tan 2\alpha\tan 3\alpha+\cdots+\\&\tan(n-1)\alpha\tan n\alpha\\=&\frac{\tan n\alpha-\tan\alpha}{\tan\alpha}-(n-1)\\=&\frac{\tan n\alpha}{\tan\alpha}-n\end{aligned}$$

所以原式成立.

例 30　求证

$$(1+\tan 1^\circ)\cdot(1+\tan 44^\circ)+(1+\tan 2^\circ)\cdot(1+\tan 43^\circ)+\cdots+(1+\tan 22^\circ)\cdot(1+\tan 23^\circ)=44$$

证明　此三角级数的通项

$$a_k=(1+\tan k^\circ)\cdot(1+\tan(45^\circ-k^\circ))\quad(k=1,2,\cdots,22)$$

因为

$$\begin{aligned}\tan 45^\circ &= \tan(k^\circ - k^\circ + 45^\circ) \\ &= \tan(k^\circ + (45^\circ - k^\circ)) \\ &= \frac{\tan k^\circ + \tan(45^\circ - k^\circ)}{1 - \tan k^\circ \tan(45^\circ - k^\circ)} \\ &= 1\end{aligned}$$

所以

$$\tan k^\circ + \tan(45^\circ - k^\circ) = 1 - \tan k^\circ \tan(45^\circ - k^\circ)$$

$$\tan k^\circ + \tan(45^\circ - k^\circ) + \tan k^\circ \tan(45^\circ - k^\circ) = 1$$

由于通项

$$\begin{aligned}a_k &= (1 + \tan k^\circ) + (1 + \tan(45^\circ - k^\circ)) \\ &= 1 + \tan k^\circ + \tan(45^\circ - k^\circ) + \\ &\quad \tan k^\circ \tan(45^\circ - k^\circ) \\ &= 2\end{aligned}$$

令 $k = 1,2,3,\cdots,22$,依次代入 a_k,则

$$a_1 = (1 + \tan 1^\circ)(1 + \tan 44^\circ) = 2$$

$$a_2 = (1 + \tan 2^\circ)(1 + \tan 43^\circ) = 2$$

$$a_3 = (1 + \tan 3^\circ)(1 + \tan 42^\circ) = 2$$

$$\vdots$$

$$a_{22} = (1 + \tan 22^\circ)(1 + \tan 23^\circ) = 2$$

将以上 22 式相加,得

$$\begin{aligned}&a_1 + a_2 + a_3 + \cdots + a_{22} \\ =& (1 + \tan 1^\circ) \cdot (1 + \tan 44^\circ) + (1 + \tan 2^\circ) \cdot \\ &(1 + \tan 43^\circ) + (1 + \tan 3^\circ) \cdot (1 + \tan 42^\circ) + \cdots + \\ &(1 + \tan 22^\circ) \cdot (1 + \tan 23^\circ) \\ =& \underbrace{2 + 2 + 2 + \cdots + 2}_{22\text{个}} \\ =& 44\end{aligned}$$

所以原式成立.

例 31　求证下列各恒等式成立:

(1) $\tan\frac{\pi}{7}\tan\frac{2\pi}{7}\tan\frac{3\pi}{7}=\sqrt{7}$;

(2) $\tan^2\frac{\pi}{7}+\tan^2\frac{2\pi}{7}+\tan^2\frac{3\pi}{7}=21$.

证明　令 $\theta=\frac{n\pi}{7}$,即 $7\theta=n\pi$.

那么 $\tan 7\theta=\tan n\pi=0$,所以

$$\theta=\frac{n\pi}{7}\quad(n=1,2,\cdots,6)$$

为方程 $\tan 7\theta=0$ 的根

$$\begin{aligned}\tan 7\theta&=\tan(4\theta+3\theta)\\&=\frac{\tan 4\theta+\tan 3\theta}{1-\tan 4\theta\tan 3\theta}=0\end{aligned}$$

所以

$$\tan 4\theta+\tan 3\theta=0$$

即

$$\tan4\theta=-\tan3\theta$$

但

$$\begin{aligned}\tan 4\theta&=\frac{2\tan 2\theta}{1-\tan^2 2\theta}\\&=\frac{4\tan\theta-4\tan^3\theta}{1-6\tan^2\theta+\tan^4\theta}\end{aligned}$$

而

$$\tan 3\theta=\frac{3\tan\theta-\tan^3\theta}{1-3\tan^2\theta}$$

所以

$$\frac{4\tan\theta-4\tan^3\theta}{1-6\tan^2\theta+\tan^4\theta}=-\frac{3\tan\theta-\tan^3\theta}{1-3\tan^2\theta}$$

令 $\tan\theta = x$,则

$$\frac{4x - 4x^3}{1 - 6x^2 + x^4} = -\frac{3x - x^3}{1 - 3x^2}$$

化简后得

$$x^6 - 21x^4 + 35x^2 - 7 = 0$$

由前面所设,可知

$$\tan\frac{\pi}{7},\tan\frac{2\pi}{7},\tan\frac{3\pi}{7},\tan\frac{4\pi}{7},\tan\frac{5\pi}{7},\tan\frac{6\pi}{7}$$

为此方程的 6 个根.

根据韦达定理

$$\tan\frac{\pi}{7}\tan\frac{2\pi}{7}\tan\frac{3\pi}{7}\tan\frac{4\pi}{7}\tan\frac{5\pi}{7}\tan\frac{6\pi}{7} = -7$$

但

$$\tan\frac{6\pi}{7} = \tan(\pi - \frac{\pi}{7}) = -\tan\frac{\pi}{7}$$

$$\tan\frac{5\pi}{7} = \tan(\pi - \frac{2\pi}{7}) = -\tan\frac{2\pi}{7}$$

$$\tan\frac{4\pi}{7} = \tan(\pi - \frac{3\pi}{7}) = -\tan\frac{3\pi}{7}$$

所以

$$\tan\frac{\pi}{7}\tan\frac{2\pi}{7}\tan\frac{3\pi}{7}\tan\frac{4\pi}{7}\tan\frac{5\pi}{7}\tan\frac{6\pi}{7}$$

$$= -\tan^2\frac{\pi}{7}\tan^2\frac{2\pi}{7}\tan^2\frac{3\pi}{7} = -7$$

所以

$$\tan\frac{\pi}{7}\tan\frac{2\pi}{7}\tan\frac{3\pi}{7} = \sqrt{7}$$

又根据韦达定理

$$\tan\frac{\pi}{7}(\tan\frac{2\pi}{7} + \tan\frac{3\pi}{7} + \cdots + \tan\frac{6\pi}{7}) + \tan\frac{2\pi}{7}\cdot$$

$$(\tan\frac{3\pi}{7}+\cdots+\tan\frac{6\pi}{7})+\tan\frac{3\pi}{7}(\tan\frac{4\pi}{7}+\tan\frac{5\pi}{7}+\tan\frac{6\pi}{7})+\tan\frac{4\pi}{7}(\tan\frac{5\pi}{7}+\tan\frac{6\pi}{7})+\tan\frac{5\pi}{7}\tan\frac{6\pi}{7}-\tan^2\frac{\pi}{7}-\tan^2\frac{2\pi}{7}-\tan\frac{\pi}{7}\tan\frac{2\pi}{7}-\mathrm{tg}^2\frac{3\pi}{7}-\mathrm{tg}\frac{2\pi}{7}\tan\frac{3\pi}{7}-\tan\frac{\pi}{7}\tan\frac{3\pi}{7}+\tan\frac{\pi}{7}\tan\frac{3\pi}{7}+\tan\frac{3\pi}{7}\tan\frac{2\pi}{7}+\tan\frac{\pi}{7}\tan\frac{2\pi}{7}=-\tan^2\frac{\pi}{7}-\tan^2\frac{2\pi}{7}-\tan^2\frac{3\pi}{7}=-21$$

所以

$$\tan^2\frac{\pi}{7}+\tan^2\frac{2\pi}{7}+\tan^2\frac{3\pi}{7}=21$$

大家可以做练习题19 ~ 32题,以巩固这一部分知识.

第五章

通项可以拆成正负两项的三角级数

前面各例(除通项为正切函数之积外),虽然繁简有别,形式各异,但其解法最终都是将各例化简成最简三角级数,并灵活地运用公式(1)、(2) 进行求解.事实上,有不少三角级数是很难化简成最简单的三角级数的.也就是说,公式(1)、(2) 在这些三角级数的求和问题上发挥不了多大作用.那么这些三角级数的求和问题又如何解决呢?

数学习题,瀚如烟海,多如牛毛,不可能用一种方法解决所有数学问题.这正像不可能用一种药方医治百病一样.我们在解数学习题时,要根据不同类型的习题,制定出不同的解题方法,做到辩证施治. 如果三角级数的通项可以拆成正、负两项,那么我们就应用第一章中指出的级数求和原则来解决这类问题,能收到良好的效果.

现在让我们来看看下面的一些例子.

例 32　求下式的值

$$S_n=\tan\alpha+\frac{1}{2}\tan\frac{\alpha}{2}+\frac{1}{2^2}\tan\frac{\alpha}{2^2}+\frac{1}{2^3}\tan\frac{\alpha}{2^3}+\cdots+\frac{1}{2^{n-1}}\tan\frac{\alpha}{2^{n-1}}$$

解　此级数的通项为

$$a_k=\frac{1}{2^{k-1}}\tan\frac{\alpha}{2^{k-1}}=\frac{\sin\frac{\alpha}{2^{k-1}}}{2^{k-1}\cos\frac{\alpha}{2^{k-1}}}$$

$$=\frac{2\sin^2\frac{\alpha}{2^{k-1}}}{2^{k-1}\cdot 2\sin\frac{\alpha}{2^{k-1}}\cos\frac{\alpha}{2^{k-1}}}$$

$$=\frac{1-\cos\frac{\alpha}{2^{k-2}}}{2^{k-1}\cdot 2\sin\frac{\alpha}{2^{k-1}}\cos\frac{\alpha}{2^{k-1}}}$$

$$=\frac{1+\cos\frac{\alpha}{2^{k-2}}-2\cos\frac{\alpha}{2^{k-2}}}{2^{k-1}\cdot 2\sin\frac{\alpha}{2^{k-1}}\cos\frac{\alpha}{2^{k-1}}}$$

$$=\frac{2\cos^2\frac{\alpha}{2^{k-1}}}{2^{k-1}\cdot 2\sin\frac{\alpha}{2^{k-1}}\cos\frac{\alpha}{2^{k-1}}}-\frac{2\cos\frac{\alpha}{2^{k-2}}}{2^{k-1}\sin\frac{\alpha}{2^{k-2}}}$$

$$= \frac{1}{2^{k-1}} \cot \frac{\alpha}{2^{k-1}} - \frac{1}{2^{k-2}} \cot \frac{\alpha}{2^{k-2}}$$

令 $k = 1,2,3,\cdots,n$,依次代入 a_k,得

$$a_1 = \tan \alpha = \cot \alpha - 2\cot \alpha$$

$$a_2 = \frac{1}{2}\tan \frac{\alpha}{2} = \frac{1}{2}\cot \frac{\alpha}{2} - \cot \alpha$$

$$a_3 = \frac{1}{2^2}\tan \frac{\alpha}{2^2} = \frac{1}{2^2}\cot \frac{\alpha}{2^2} - \frac{1}{2}\tan \frac{\alpha}{2}$$

$$a_4 = \frac{1}{2^3}\tan \frac{\alpha}{2^3} = \frac{1}{2^3}\cot \frac{\alpha}{2^3} - \frac{1}{2^2}\cot \frac{\alpha}{2^2}$$

$$\vdots$$

$$a_n = \frac{1}{2^{n-1}}\tan \frac{\alpha}{2^{n-1}}$$

$$= \frac{1}{2^{n-1}}\cot \frac{\alpha}{2^{n-1}} - \frac{1}{2^{n-2}}\cot \frac{\alpha}{2^{n-2}}$$

将以上 n 式相加,得

$$S_n = a_1 + a_2 + a_3 + a_4 + \cdots + a_n$$

$$= \tan \alpha + \frac{1}{2}\tan \frac{\alpha}{2} + \frac{1}{2^2}\tan \frac{\alpha}{2^2} +$$

$$\frac{1}{2^3}\tan \frac{\alpha}{2^3} + \cdots + \frac{1}{2^{n-1}}\tan \frac{\alpha}{2^{n-1}}$$

$$= \frac{1}{2^{n-1}}\cot \frac{\alpha}{2^{n-1}} - 2\cot 2\alpha$$

例 33 如果 $0 < x < \pi$,求证:$\cot \frac{x}{2^n} - \cot x > n$.

证明 由倍角公式

$$\cos 2x = 2\cos^2 x - 1$$

所以

$$2\cos^2 x = 1 + \cos 2x$$

以$\frac{x}{2^k}$代替上式中的x，得

$$2\cos^2\frac{x}{2^k}=1+\cos\frac{x}{2^{k-1}}$$

$$\cot\frac{x}{2^k}=\frac{\cos\frac{x}{2^k}}{\sin\frac{x}{2^k}}$$

$$=\frac{2\cos^2\frac{x}{2^k}}{2\sin\frac{x}{2^k}-\cos\frac{x}{2^k}}$$

$$=\frac{1+\cos\frac{x}{2^{k-1}}}{\sin\frac{x}{2^{k-1}}}$$

$$=\csc\frac{x}{2^{k-1}}+\cot\frac{x}{2^{k-1}}$$

所以

$$\csc\frac{x}{2^{k-1}}=\cot\frac{x}{2^k}-\cot\frac{x}{2^{k-1}}$$

令$k=n,n-1,n-2,n-3,\cdots,3,2,1$，依次代入上式，得

$$\csc\frac{x}{2^{n-1}}=\cot\frac{x}{2^n}-\cot\frac{x}{2^{n-1}}$$

$$\csc\frac{x}{2^{n-2}}=\cot\frac{x}{2^{n-1}}-\cot\frac{x}{2^{n-2}}$$

$$\csc\frac{x}{2^{n-3}}=\cot\frac{x}{2^{n-2}}-\cot\frac{x}{2^{n-3}}$$

$$\csc\frac{x}{2^{n-4}}=\cot\frac{x}{2^{n-3}}-\cot\frac{x}{2^{n-4}}$$

$$\vdots$$

$$\csc\frac{x}{2^3}=\cot\frac{x}{2^4}-\cot\frac{x}{2^3}$$

$$\csc\frac{x}{2^2}=\cot\frac{x}{2^3}-\cot\frac{x}{2^2}$$

$$\csc\frac{x}{2}=\cot\frac{x}{2^2}-\cot\frac{x}{2}$$

$$\csc x=\cot\frac{x}{2}-\cot x$$

将以上 n 式相加,得

$$\csc x+\csc\frac{x}{2}+\csc\frac{x}{2^2}+\cdots+\csc\frac{x}{2^{n-2}}+\csc\frac{x}{2^{n-1}}$$

$$=\cot\frac{x}{2^n}+\cot x$$

因为$0<x<\pi$,所以

$$0<\sin x<1,0<\sin\frac{x}{2}<1,0<\sin\frac{x}{2^2}<1$$

$$\vdots$$

$$0<\sin\frac{x}{2^{n-2}}<1,0<\sin\frac{x}{2^{n-1}}<1$$

所以

$$\csc x>1,\csc\frac{x}{2}>1,\csc\frac{x}{2^2}>1$$

$$\vdots$$

$$\csc\frac{x}{2^{n-2}}>1,\csc\frac{x}{2^{n-1}}>1$$

故

$$\csc x+\csc\frac{x}{2}+\csc\frac{x}{2^2}+\cdots+\csc\frac{x}{2^{n-2}}+\csc\frac{x}{2^{n-1}}>n$$

即

$$\cot\frac{x}{2^n}-\cot x>n$$

例 34　已知 $a_1,a_2,a_3,\cdots,a_n$ 为正数,求证

$$\arctan\frac{a_1-a_2}{1+a_1a_2}+\arctan\frac{a_2-a_3}{1+a_2a_3}+\cdots+\arctan\frac{a_{n-1}-a_n}{1+a_{n-1}a_n}=\arctan\frac{a_1-a_n}{1+a_1a_n}$$

证明　因为

$$a_k>0,a_{k+1}>0\quad(k=1,2,3,\cdots,n-1)$$

所以

$$0<\arctan a_k<\frac{\pi}{2}$$

$$0<\arctan a_{k+1}<\frac{\pi}{2}$$

将这两式相减,得

$$-\frac{\pi}{2}<\arctan a_k-\arctan a_{k+1}<\frac{\pi}{2}$$

因角 $\arctan a_k-\arctan a_{k+1}$ 的正切为

$$\begin{aligned}&\tan(\arctan a_k-\arctan a_{k+1})\\=&\frac{\tan(\arctan a_k)-\tan(\arctan a_{k+1})}{1+\tan(\arctan a_k)\tan(\arctan a_{k+1})}\\=&\frac{a_k-a_{k+1}}{1+a_ka_{k+1}}\end{aligned}$$

由反正切函数意义得

$$\arctan\frac{a_k-a_{k+1}}{1+a_ka_{k+1}}=\arctan a_k-\arctan a_{k+1}$$

令 $k=1,2,3,\cdots,n-1$，依次代入上式得

$$\arctan\frac{a_1-a_2}{1+a_1a_2}=\arctan a_1-\arctan a_2$$

$$\arctan\frac{a_2-a_3}{1+a_2a_3}=\arctan a_2-\arctan a_3$$

$$\arctan\frac{a_3-a_4}{1+a_3a_4}=\arctan a_3-\arctan a_4$$

$$\vdots$$

$$\arctan\frac{a_{n-1}-a_n}{1+a_{n-1}a_n}=\arctan a_{n-1}-\arctan a_n$$

将以上 $n-1$ 式相加，得

$$\arctan\frac{a_1-a_2}{1+a_1a_2}+\arctan\frac{a_2-a_3}{1+a_2a_3}+\cdots+$$

$$\arctan\frac{a_{n-1}-a_n}{1+a_{n-1}a_n}$$

$$=\arctan a_1-\arctan a_n$$

$$=\arctan\frac{a_1-a_n}{1+a_1a_n}$$

例 35 求和

$$S_n=\arctan\frac{1}{1+1+1^2}+\arctan\frac{1}{1+2+2^2}+$$

$$\arctan\frac{1}{1+3+3^2}+\cdots+\arctan\frac{1}{1+n+n^2}$$

解 此级数的通项 a_k 可变形为

$$a_k=\arctan\frac{1}{1+k+k^2}$$

$$=\arctan\frac{(k+1)-k}{1+k+k^2}$$

$$=\arctan\frac{(k+1)-k}{1+(k+1)k}$$

因为

$$\tan(\alpha-\beta)=\frac{\tan\alpha-\tan\beta}{1+\tan\alpha\tan\beta}$$

令 $\tan\alpha=k+1,\tan\beta=k$,则

$$\alpha=\arctan(k+1),\beta=\arctan k$$

所以有

$$\tan(\alpha-\beta)=\frac{\tan\alpha-\tan\beta}{1+\tan\alpha\tan\beta}=\frac{(k+1)-k}{1+(k+1)k}$$

$$\arctan\frac{(k+1)-k}{1+(k+1)k}=\alpha-\beta=\arctan(k+1)-\arctan k$$

令 $k=1,2,3,\cdots,n$,依次代入上式,得

$$\arctan\frac{1}{1+1+1^2}=\arctan 2-\arctan 1$$

$$\arctan\frac{1}{1+2+2^2}=\arctan 3-\arctan 2$$

$$\arctan\frac{1}{1+3+3^2}=\arctan 4-\arctan 3$$

$$\vdots$$

$$\arctan\frac{1}{1+n+n^2}=\arctan(n+1)-\arctan n$$

将以上 n 式相加,得

$$S_n=\arctan\frac{1}{1+1+1^2}+\arctan\frac{1}{1+2+2^2}+\arctan\frac{1}{1+3+3^2}+\cdots+\arctan\frac{1}{1+n+n^2}=\arctan(n+1)-\arctan 1$$

$$= \arctan(n+1) - \frac{\pi}{4}$$

例 36 求证

$$\csc 2\alpha + \csc 4\alpha + \csc 8\alpha + \cdots + \csc 2^n\alpha$$
$$= \cot\alpha - \cot 2^n\alpha$$

证明 方法一:由三角函数定义

$$\csc 2\alpha + \csc 4\alpha + \csc 8\alpha + \cdots + \csc 2^n\alpha$$
$$= \frac{1}{\sin 2\alpha} + \frac{1}{\sin 4\alpha} + \frac{1}{\sin 8\alpha} + \cdots + \frac{1}{\sin 2^n\alpha}$$

$$\frac{1}{\sin 2^k\alpha} = \frac{\sin 2^{k-1}\alpha}{\sin 2^{k-1}\alpha\sin 2^k\alpha}$$
$$= \frac{\sin(2^{k-1}(2-1)\alpha)}{\sin 2^{k-1}\alpha\sin 2^k\alpha}$$
$$= \frac{\sin(2^k - 2^{k-1}\alpha)}{\sin 2^{k-1}\alpha\sin 2^k\alpha}$$
$$= \frac{\sin 2^k\alpha\cos 2^{k-1}\alpha - \cos 2^k\alpha\sin 2^{k-1}\alpha}{\sin 2^{k-1}\alpha\sin 2^k\alpha}$$
$$= \frac{\cos 2^{k-1}\alpha}{\sin 2^{k-1}\alpha} - \frac{\cos 2^k\alpha}{\sin 2^k\alpha}$$
$$= \cot 2^{k-1}\alpha - \cot 2^k\alpha$$

令 $k = 1,2,3,\cdots,n$,依次代入上式,得

$$\frac{1}{\sin 2\alpha} = \cot\alpha - \cot 2\alpha$$
$$\frac{1}{\sin 4\alpha} = \cot 2\alpha - \cot 4\alpha$$
$$\frac{1}{\sin 8\alpha} = \cot 4\alpha - \cot 8\alpha$$
$$\vdots$$
$$\frac{2}{\sin 2^n\alpha} = \cot 2^{n-1}\alpha - \cot 2^n\alpha$$

将上述 n 式相加,得

$$\frac{1}{\sin 2\alpha}+\frac{1}{\sin 4\alpha}+\frac{1}{\sin 8\alpha}+\cdots+\frac{1}{\sin 2^n\alpha}$$

$$=\cot\alpha-\cot 2^n\alpha$$

所以有

$$\csc 2\alpha+\csc 4\alpha+\csc 8\alpha+\cdots+\csc 2^n\alpha$$

$$=\cot\alpha-\cot 2^n\alpha$$

方法二:

$$\begin{aligned}\cot 2^k\alpha &= \frac{\cos 2^k\alpha}{\sin 2^k\alpha}\\ &= \frac{2(\cos 2^k\alpha)^2}{2\sin 2^k\alpha\cos 2^k\alpha}\\ &= \frac{1+\cos 2^{k+1}\alpha}{\sin 2^{k+1}\alpha}\\ &= \csc 2^{k+1}\alpha+\cot 2^{k+1}\alpha\end{aligned}$$

所以

$$\csc 2^{k+1}\alpha=\cot 2^k\alpha-\cot 2^{k+1}\alpha$$

令 $k=0,1,2,3,\cdots,n-1$,依次代入上式,得

$$\csc 2\alpha=\cot\alpha-\cot 2\alpha$$

$$\csc 4\alpha=\cot 2\alpha-\cot 4\alpha$$

$$\csc 8\alpha=\cot 4\alpha-\cot 8\alpha$$

$$\vdots$$

$$\csc 2^n\alpha=\cot 2^{n-1}\alpha-\cot 2^n\alpha$$

将上述 n 式相加,得

$$\csc 2\alpha+\csc 4\alpha+\csc 8\alpha+\cdots+\csc 2^n\alpha$$

$$=\cot\alpha-\cot 2^n\alpha$$

例 37　求证

$$\frac{1}{\cos 0^\circ\cos 1^\circ}+\frac{1}{\cos 1^\circ\cos 2^\circ}+\frac{1}{\cos 2^\circ\cos 3^\circ}+\cdots+$$

$$\frac{1}{\cos n^\circ \cos (n+1)^\circ} = \tan (n+1)^\circ \csc 1^\circ$$

证明

$$\begin{aligned}
a_k &= \frac{1}{\cos k^\circ \cos (k+1)^\circ} \\
&= \frac{\sin 1^\circ}{\sin 1^\circ \cos k^\circ \cos (k+1)^\circ} \\
&= \frac{\sin ((k+1)^\circ - k^\circ)}{\sin 1^\circ \cos k^\circ \cos (k+1)^\circ} \\
&= \frac{\sin (k+1)^\circ \cos k^\circ - \cos (k+1)^\circ \sin k^\circ}{\sin 1^\circ \cos k^\circ \cos (k+1)^\circ} \\
&= \frac{1}{\sin 1^\circ}(\tan (k+1)^\circ - \tan k^\circ)
\end{aligned}$$

令 $k=0,1,2,3,\cdots,n$,依次代入上式,得

$$a_0 = \frac{1}{\cos 0^\circ \cos 1^\circ} = \frac{1}{\sin 1^\circ}(\tan 1^\circ - \tan 0^\circ)$$

$$a_1 = \frac{1}{\cos 1^\circ \cos 2^\circ} = \frac{1}{\sin 1^\circ}(\tan 2^\circ - \tan 1^\circ)$$

$$a_2 = \frac{1}{\cos 2^\circ \cos 3^\circ} = \frac{1}{\sin 1^\circ}(\tan 3^\circ - \tan 2^\circ)$$

$$\vdots$$

$$\begin{aligned}
a_n &= \frac{1}{\cos n^\circ \cos (n+1)^\circ} \\
&= \frac{1}{\sin 1^\circ}(\tan (n+1)^\circ - \tan n^\circ)
\end{aligned}$$

将上述 $n+1$ 上式相加,得

$$\begin{aligned}
& a_0 + a_1 + a_2 + \cdots + a_n \\
= & \frac{1}{\cos 0^\circ \cos 1^\circ} + \frac{1}{\cos 1^\circ \cos 2^\circ} + \frac{1}{\cos 2^\circ \cos 3^\circ} + \cdots + \\
& \frac{1}{\cos n^\circ \cos (n+1)^\circ}
\end{aligned}$$

$$= \frac{1}{\sin 1^\circ}(\tan (n+1)^\circ - \tan 0^\circ)$$

$$= \tan (n+1)^\circ \csc 1^\circ$$

例 38　求下式的值

$$S_n = \csc x \csc 2x + \csc 2x \csc 3x + \csc 3x \csc 4x + \cdots + \csc nx \csc (n+1)x$$

解　设此级数的通项为 a_k，则

$$a_k = \csc kx \csc (k+1)x$$

$$= \frac{1}{\sin kx \sin (k+1)x}$$

$$= \frac{\sin x}{\sin x \sin kx \sin (k+1)x}$$

$$= \frac{\sin ((k+1)x - kx)}{\sin x \sin kx \sin (k+1)x}$$

$$= \frac{\sin (k+1)x \cos kx - \cos (k+1)x \sin kx}{\sin x \sin kx \sin (k+1)x}$$

$$= \frac{1}{\sin x}\left(\frac{\cos kx}{\sin kx} - \frac{\cos (k+1)x}{\sin (k+1)x}\right)$$

$$= \frac{1}{\sin x}(\cot kx - \cot (k+1)x)$$

令 $k = 1,2,3,\cdots,n$，依次代入上式，得

$$a_1 = \csc x \csc 2x = \frac{1}{\sin x}(\cot x - \cot 2x)$$

$$a_2 = \csc 2x \csc 3x = \frac{1}{\sin x}(\cot 2x - \cot 3x)$$

$$a_3 = \csc 3x \csc 4x = \frac{1}{\sin x}(\cot 3x - \cot 4x)$$

$$\vdots$$

$$a_n = \csc nx \csc (n+1)x = \frac{1}{\sin x}(\cot nx - \cot (n+1)x)$$

将以上 n 式相加,得

$$
\begin{aligned}
S_n &= a_1 + a_2 + a_3 + \cdots + a_n \\
&= \csc x\csc 2x + \csc 2x\csc 3x + \csc 3x\csc 4x + \cdots + \\
&\quad \csc nx\csc (n+1)x \\
&= \frac{1}{\sin x}(\cot x - \cot (n+1)x)
\end{aligned}
$$

例 39 已知一个三角数列为:$\arcsin\frac{\sqrt{3}}{2}$,

$\arcsin\frac{\sqrt{8}-\sqrt{6}}{6}$,$\arcsin\frac{\sqrt{15}-\sqrt{8}}{12}$,$\arcsin\frac{\sqrt{24}-\sqrt{15}}{20}$,…

(1) 求该数列的通项 a_k;

(2) 求该数列的前 n 项的和 S_n;

(3) 求证:当 $n \to \infty$ 时,$S_n \to \frac{\pi}{2}$.

解 (1) 反正弦符号下是一个分数,其分母 2,6,12,20,… 可以改写为 $1\times2,2\times3,3\times4,4\times5,\cdots$. 由此可知分母的一般式为 $k(k+1)=k^2+k$.

分子是$\sqrt{3}$,$\sqrt{8}-\sqrt{3}$,$\sqrt{15}-\sqrt{8}$,$\sqrt{24}-\sqrt{15}$,…,事实上

$$\sqrt{3} = \sqrt{(1+1)^2-1} - \sqrt{1^2-1}$$

$$\sqrt{8}-\sqrt{3} = \sqrt{(2+1)^2-1} - \sqrt{2^2-1}$$

$$\sqrt{15}-\sqrt{8} = \sqrt{(3+1)^2-1} - \sqrt{3^2-1}$$

$$\sqrt{24}-\sqrt{15} = \sqrt{(4+1)^2-1} - \sqrt{4^2-1}$$

由此可知分子的一般式为

$$\sqrt{(k+1)^2-1} - \sqrt{k^2-1}$$

这个数列的通项

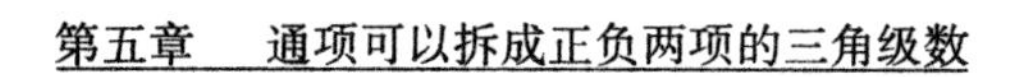

$$a_k = \arcsin\left(\frac{\sqrt{(k+1)^2-1}-\sqrt{k^2-1}}{k^2+k}\right)$$

(2) 设 $\sin\alpha = \frac{1}{k}, \sin\beta = \frac{1}{k+1}$($k$ 为正整数).

所以

$$\arcsin\frac{1}{k} = \alpha, \arcsin\frac{1}{k+1} = \beta$$

$$\cos\alpha = \sqrt{1-\sin^2\alpha} = \sqrt{1-\left(\frac{1}{k}\right)^2}$$

$$\cos\beta = \sqrt{1-\sin^2\beta} = \sqrt{1-\left(\frac{1}{k+1}\right)^2}$$

由于

$$\arcsin\left(\frac{\sqrt{(k+1)^2-1}-\sqrt{k^2-1}}{k^2+k}\right)$$

$$= \arcsin\left(\frac{1}{k}\sqrt{1-\left(\frac{1}{k+1}\right)^2} - \frac{1}{k+1}\sqrt{1-\left(\frac{1}{k}\right)^2}\right)$$

$$= \arcsin(\sin\alpha\cos\beta - \cos\alpha\sin\beta)$$

$$= \arcsin(\sin(\alpha-\beta))$$

$$= \alpha - \beta$$

$$= \arcsin\frac{1}{k} - \arcsin\frac{1}{k+1}$$

令 $k = 1,2,3,\cdots,n$,依次代入上式,得

$$\arcsin\frac{\sqrt{3}}{2} = \arcsin 1 - \arcsin\frac{1}{2}$$

$$\arcsin\frac{\sqrt{8}-\sqrt{3}}{6} = \arcsin\frac{1}{2} - \arcsin\frac{1}{3}$$

$$\arcsin\frac{\sqrt{15}-\sqrt{8}}{12} = \arcsin\frac{1}{3} - \arcsin\frac{1}{4}$$

$$\arcsin\frac{\sqrt{24}-\sqrt{15}}{20}=\arcsin\frac{1}{4}-\arcsin\frac{1}{5}$$

$$\vdots$$

$$\arcsin\frac{\sqrt{(n+1)^2-1}-\sqrt{n^2-1}}{n^2+n}$$

$$=\arcsin\frac{1}{n}-\arcsin\frac{1}{n+1}$$

将上面 n 式相加,得

$$S_n=\arcsin\frac{\sqrt{3}}{2}+\arcsin\frac{\sqrt{8}-\sqrt{3}}{6}+$$

$$\arcsin\frac{\sqrt{15}-\sqrt{8}}{12}+\cdots+$$

$$\arcsin\frac{\sqrt{(n+1)^2-1}-\sqrt{n^2-1}}{n^2+n}$$

$$=\arcsin 1-\arcsin\frac{1}{n+1}$$

$$=\frac{\pi}{2}-\arcsin\frac{1}{n+1}$$

这个数列前 n 项的和为$\frac{\pi}{2}-\arcsin\frac{1}{n+1}$.

(3) $\lim\limits_{n\to\infty}S_n=\lim\limits_{n\to\infty}\left(\frac{\pi}{2}-\arcsin\frac{1}{n+1}\right)=\frac{\pi}{2}$.

所以,当 $n\to\infty$ 时,$S_n\to\frac{\pi}{2}$.

例 40 求证:$\frac{1}{4}\tan\frac{\pi}{4}+\frac{1}{8}\tan\frac{\pi}{8}+\frac{1}{16}\tan\frac{\pi}{16}+\cdots+\frac{1}{2^n}\tan\frac{\pi}{2^n}=\frac{1}{2^n\tan\frac{\pi}{2^n}}$.

证明　此题左边三角级数的通项 a_k 为

$$\frac{1}{2^k}\tan\frac{\pi}{2^k}=\frac{1}{2^k}\cdot\frac{\sin\frac{\pi}{2^k}}{\cos\frac{\pi}{2^k}}$$

$$=\frac{1}{2^k}\cdot\frac{2\sin^2\frac{\pi}{2^k}}{2\sin\frac{\pi}{2^k}\cos\frac{\pi}{2^k}}$$

$$=\frac{1}{2^k}\cdot\frac{1-\cos\frac{\pi}{2^{k-1}}}{2\sin\frac{\pi}{2^k}\cos\frac{\pi}{2^k}}$$

$$=\frac{1}{2^k}\cdot\frac{1+\cos\frac{\pi}{2^{k-1}}-2\cos\frac{\pi}{2^{k-1}}}{2\sin\frac{\pi}{2^k}\cos\frac{\pi}{2^k}}$$

$$=\frac{1}{2^k}\cdot\frac{2\cos^2\frac{\pi}{2^k}-2\cos\frac{\pi}{2^{k-1}}}{2\sin\frac{\pi}{2^k}\cos\frac{\pi}{2^k}}$$

$$=\frac{1}{2^k}\cot\frac{\pi}{2^k}-\frac{1}{2^{k-1}}\cot\frac{\pi}{2^{k-1}}$$

令 $k=2,3,\cdots,n-1,n$，依次代入上式，得

$$\frac{1}{4}\tan\frac{\pi}{4}=\frac{1}{4}\cot\frac{\pi}{4}-\frac{1}{2}\cot\frac{\pi}{2}$$

$$\frac{1}{8}\tan\frac{\pi}{8}=\frac{1}{8}\cot\frac{\pi}{8}-\frac{1}{4}\cot\frac{\pi}{4}$$

$$\frac{1}{16}\tan\frac{\pi}{16}=\frac{1}{16}\cot\frac{\pi}{16}-\frac{1}{8}\cot\frac{\pi}{8}$$

$$\vdots$$

$$\frac{1}{2^n}\tan\frac{\pi}{2^n}=\frac{1}{2^n}\cot\frac{\pi}{2^n}-\frac{1}{2^{n-1}}\cot\frac{\pi}{2^{n-1}}$$

将上述 $n-1$ 式相加,得

$$\frac{1}{4}\tan\frac{\pi}{4}+\frac{1}{8}\tan\frac{\pi}{8}+\frac{1}{16}\tan\frac{\pi}{16}+\cdots+\frac{1}{2^n}\tan\frac{\pi}{2^n}$$

$$=\frac{1}{2^n}\cot\frac{\pi}{2^n}-\frac{1}{2}\cot\frac{\pi}{2}$$

$$=\frac{1}{2^n}\cot\frac{\pi}{2^n}$$

$$=\frac{1}{2^n\tan\frac{\pi}{2^n}}$$

上述各例表明:求三角级数和的关键在于寻求级数的通项,而且将通项按照题目的要求拆成正、负两项.由于通项的寻找途径不同,所以就会得到不同的解题方法.当然我们希望寻求通项的方法尽可能简便,将通项拆成正、负两项的运算尽可能合理.这样做就会给题目的求解带来好处.如例40中寻求通项 a_k 并拆成正、负两项的方法就比较自然、合理、简便.

例40题的通项的寻求及拆开也可以用如下方法,但不容易想到,也不太自然

$$\tan kx-\cot kx=\frac{\sin kx}{\cos kx}-\frac{\cos kx}{\sin kx}$$

$$=\frac{\sin^2 kx-\cos^2 kx}{\sin kx\cos kx}$$

$$=\frac{-\cos 2kx}{\sin kx\cos kx}$$

$$=-\frac{2\cos 2kx}{\sin 2kx}=-2\cot 2kx$$

所以

$$\tan kx = \cot kx - 2\cot 2kx$$

令$\frac{\pi}{2^k}$代替上式中的 kx,则

$$\tan\frac{\pi}{2^k} = \cot\frac{\pi}{2^k} - 2\cot\frac{\pi}{2^{k-1}}$$

所以有

$$\frac{1}{2^k}\tan\frac{\pi}{2^k} = \frac{1}{2^k}\cot\frac{\pi}{2^k} - \frac{1}{2^{k-1}}\cot\frac{\pi}{2^{k-1}}$$

用 $\tan kx - \cot kx$ 来导出通项 $a_k = \frac{1}{2^k}\tan\frac{\pi}{2^k}$,并拆项,确实叫人费神.

例 41　已知数列:$\arctan x, \arctan\frac{x}{1+1\cdot 2x^2}$, $\arctan\frac{x}{1+2\cdot 3x^2}, \cdots, \arctan\frac{x}{1+(n-1)\cdot nx^2}, \cdots$

(1) 求这个数列前 n 项的和 S_n;

(2) 当 $n\to\infty$ 时,S_n 的极限是多少?

解　(1) 由已知条件,得这个数列的通项为

$$\begin{aligned} a_k &= \arctan\frac{x}{1+(k-1)kx^2} \\ &= \arctan\frac{kx-kx+x}{1+(k-1)kx^2} \\ &= \arctan\frac{kx-(k-1)x}{1+k(k-1)x^2} \end{aligned}$$

由例 35 可知

$$\arctan\frac{kx-(k-1)x}{1+kx(k-1)x} = \arctan kx - \arctan (k-1)x$$

所以

$$a_k = \arctan kx - \arctan (k-1)x$$

令 $k = 1,2,3,\cdots,n$,依次代入上式,得

$$a_1 = \arctan x = \arctan x - 0$$

$$a_2 = \arctan \frac{x}{1+1\cdot 2x^2} = \arctan 2x - \arctan x$$

$$a_3 = \arctan \frac{x}{1+2\cdot 3x^2} = \arctan 3x - \arctan 2x$$

$$\vdots$$

$$a_n = \arctan \frac{x}{1+(n-1)\cdot nx^2}$$
$$= \arctan nx - \arctan (n-1)x$$

将以上 n 式相加,得 $S_n = \arctan nx$.

也就是说这个数列前 n 项的和为

$$S_n = \arctan x + \arctan \frac{x}{1+1\cdot 2x^2} + \arctan \frac{x}{1+2\cdot 3\cdot x^2} + \cdots + \arctan \frac{x}{1+(n-1)\cdot nx^2} = \arctan nx$$

(2) 令 $\arctan nx = \alpha$. 由反正切定义:

① $-\frac{\pi}{2} < \alpha < \frac{\pi}{2}$;

② $\tan \alpha = nx$.

因为 x 为有限数,当 $n \to \infty$ 时,有 $nx \to \infty$.

α 在上述范围内,使 $\tan \alpha \to \infty$ 的角度只有 $\alpha = \frac{\pi}{2}$,即 $S_n \to \frac{\pi}{2}$.

大家可以做后面练习题的 33 ~ 40 题.

第六章

复数在三角级数中的应用

代数和三角是中学里的两门重要数学课程. 由于它们固有的特点,多少年来一直各成一科. 然而在反映事物的空间形式和数量关系方面,它们又都有着千丝万缕的联系.

例如求方程

$$x+\frac{x}{\sqrt{x^2-1}}=\frac{35}{12}$$

的实根.

本来这是一个代数方程,如果我们用代数方法求解此题,势必会产生高次方程,解起来就相当麻烦. 如果我们设一个辅助未知数α,并令$x=\sec\alpha$,那么原方程就可以变成三角方程

$$\frac{1}{\cos\alpha} \pm \frac{1}{\sin\alpha} = \frac{35}{12}$$

求解起来就简单多了.

另外,当我们将复数表示成三角函数式后,再进行乘法、除法、乘方和开方运算就十分方便.用复数的三角函数式解决复数问题时,往往方法巧妙,构思新颖.并且能起到化险为夷,起死回生的作用.

上面所说的是三角在复数中的作用.事物之间的联系和影响总是相互依存的,相互依赖的.既然三角帮了代数的忙,扩大了复数的应用.那么,反过来复数对三角也一定会产生广泛的影响,起较大的作用.为此,我们仅从如下几个方面来讨论复数在三角级数中的应用.

第一,我们来看怎样用复数来推导出简单三角级数

$$\sum_{k=0}^{n-1} \sin(\alpha + k\beta) \text{ 和 } \sum_{k=0}^{n-1} \cos(\alpha + k\beta)$$

的求和公式,即

$$\begin{aligned} &\sin\alpha + \sin(\alpha+\beta) + \sin(\alpha+2\beta) + \\ &\sin(\alpha+3\beta) + \cdots + \sin(\alpha+(n-1)\beta) \\ =\ &\frac{\sin(\alpha + \frac{n-1}{2}\beta)\sin\frac{n}{2}\beta}{\sin\frac{1}{2}\beta} \end{aligned}$$

$$\begin{aligned} &\cos\alpha + \cos(\alpha+\beta) + \cos(\alpha+2\beta) + \\ &\cos(\alpha+3\beta) + \cdots + \cos(\alpha+(n-1)\beta) \end{aligned}$$

$$= \frac{\cos\left(\alpha + \frac{n-1}{2}\beta\right)\sin\frac{n}{2}\beta}{\sin\frac{1}{2}\beta}$$

设

$$M = \cos\alpha + \cos(\alpha+\beta) + \cos(\alpha+2\beta) + \cdots + \cos(\alpha+(n-1)\beta)$$

$$N = \sin\alpha + \sin(\alpha+\beta) + \sin(\alpha+2\beta) + \cdots + \sin(\alpha+(n-1)\beta)$$

将 N 乘以 i，得

$$\mathrm{i}N = \mathrm{i}\sin\alpha + \mathrm{i}\sin(\alpha+\beta) + \mathrm{i}\sin(\alpha+2\beta) + \cdots + \mathrm{i}\sin(\alpha+(n-1)\beta)$$

那么

$$M + \mathrm{i}N = (\cos\alpha + \mathrm{i}\sin\alpha) + (\cos(\alpha+\beta) + \mathrm{i}\sin(\alpha+\beta)) + \cdots + (\cos(\alpha+(n-1)\beta) + \mathrm{i}\sin(\alpha+(n-1)\beta))$$

令

$$\cos\alpha + \mathrm{i}\sin\alpha = a$$

$$\cos\beta + \mathrm{i}\sin\beta = b$$

则

$$\begin{aligned}&\cos(\alpha+\beta) + \mathrm{i}\sin(\alpha+\beta)\\ =\ &(\cos\alpha + \mathrm{i}\sin\alpha)(\cos\beta + \mathrm{i}\sin\beta)\\ =\ &ab\end{aligned}$$

$$\begin{aligned}&\cos(\alpha+2\beta) + \mathrm{i}\sin(\alpha+2\beta)\\ =\ &(\cos\alpha + \mathrm{i}\sin\alpha)(\cos 2\beta + \mathrm{i}\sin 2\beta)\\ =\ &(\cos\alpha + \mathrm{i}\sin\alpha)(\cos\beta + \mathrm{i}\sin\beta)^2\\ =\ &ab^2\end{aligned}$$

$$\vdots$$

$$\begin{aligned}
&\cos(\alpha+(n-1)\beta)+\mathrm{i}\sin(\alpha+(n-1)\beta)\\
&=(\cos\alpha+\mathrm{i}\sin\alpha)(\cos(n-1)\beta+\mathrm{i}\sin(n-1)\beta)\\
&=(\cos\alpha+\mathrm{i}\sin\alpha)(\cos\beta+\mathrm{i}\sin\beta)^{n-1}\\
&=ab^{n-1}
\end{aligned}$$

因此有

$$\begin{aligned}
M+\mathrm{i}N&=a+ab+ab^2+\cdots+ab^{n-1}\\
&=a\cdot\frac{1-b^n}{1-b}\\
&=(\cos\alpha+\mathrm{i}\sin\alpha)\frac{1-(\cos\beta+\mathrm{i}\sin\beta)^n}{1-\cos\beta-\mathrm{i}\sin\beta}\\
&=(\cos\alpha+\mathrm{i}\sin\alpha)\frac{1-\cos n\beta-\mathrm{i}\sin n\beta}{1-\cos\beta-\mathrm{i}\sin\beta}
\end{aligned}$$

但是

$$\begin{aligned}
&\frac{1-\cos n\beta-\mathrm{i}\sin n\beta}{1-\cos\beta-\mathrm{i}\sin\beta}\\
&=\frac{2\sin^2\frac{n\beta}{2}-2\mathrm{i}\sin\frac{n\beta}{2}\cos\frac{n\beta}{2}}{2\sin^2\frac{\beta}{2}-2\mathrm{i}\sin\frac{\beta}{2}\cos\frac{\beta}{2}}\\
&=\frac{\sin\frac{n\beta}{2}}{\sin\frac{1}{2}\beta}\cdot\frac{\sin\frac{n\beta}{2}-\mathrm{i}\cos\frac{n\beta}{2}}{\sin\frac{\beta}{2}-\mathrm{i}\cos\frac{\beta}{2}}\\
&=\frac{\sin\frac{n\beta}{2}}{\sin\frac{1}{2}\beta}\cdot\frac{\cos\frac{n\beta}{2}+\mathrm{i}\sin\frac{n\beta}{2}}{\cos\frac{\beta}{2}+\mathrm{i}\sin\frac{\beta}{2}}\\
&=\frac{\sin\frac{n\beta}{2}}{\sin\frac{1}{2}\beta}\left(\cos\frac{n-1}{2}\beta+\mathrm{i}\sin\frac{n-1}{2}\beta\right)
\end{aligned}$$

所以

$$M + \mathrm{i}N = (\cos\alpha + \mathrm{i}\sin\alpha)\frac{\sin\frac{n\beta}{2}}{\sin\frac{1}{2}\beta}\cdot\left(\cos\frac{n-1}{2}\beta + \mathrm{i}\sin\frac{n-1}{2}\beta\right)$$

$$= \frac{\sin\frac{n}{2}\beta}{\sin\frac{1}{2}\beta}\left(\cos\left(\alpha + \frac{n-1}{2}\beta\right) + \mathrm{i}\sin\left(\alpha + \frac{n-1}{2}\beta\right)\right)$$

$$= \frac{\sin\frac{n}{2}\beta}{\sin\frac{1}{2}\beta}\cos\left(\alpha + \frac{n-1}{2}\beta\right) + \mathrm{i}\frac{\sin\frac{n}{2}\beta}{\sin\frac{1}{2}\beta}\sin\left(\alpha + \frac{n-1}{2}\beta\right)$$

比较这个等式两边的实部和虚部,得到

$$M = \cos\alpha + \cos(\alpha+\beta) + \cos(\alpha+2\beta) + \cdots + \cos(\alpha + (n-1)\beta))$$

$$= \frac{\cos\left(\alpha + \frac{n-1}{2}\beta\right)\sin\frac{n}{2}\beta}{\sin\frac{1}{2}\beta}$$

$$N = \sin\alpha + \sin(\alpha+\beta) + \sin(\alpha+2\beta) + \cdots + \sin(\alpha + (n-1)\beta))$$

$$=\frac{\sin\left(\alpha+\frac{n-1}{2}\beta\right)\sin\frac{n}{2}\beta}{\sin\frac{1}{2}\beta}$$

第二,我们来看怎样用复数解三角级数求和问题.

例 42 求证:

(1) $1+\cos\theta+\cos 2\theta+\cos 3\theta+\cdots+\cos(n-1)\theta=\dfrac{\cos\frac{n-1}{2}\theta\sin\frac{n}{2}\theta}{\sin\frac{1}{2}\theta}$;

(2) $\sin\theta+\sin 2\theta+\sin 3\theta+\cdots+\sin(n-1)\theta=\dfrac{\sin\frac{n-1}{2}\theta\sin\frac{n}{2}\theta}{\sin\frac{1}{2}\theta}$.

证明 如果令 $\alpha=0,\beta=0$,那么再利用公式(1)、(2),本题的证明就相当简单,在此就不再叙述了. 下面我们利用复数来证明.

令

$$A=1+\cos\theta+\cos 2\theta+\cos 3\theta+\cdots+\cos(n-1)\theta$$

$$B=\sin\theta+\sin 2\theta+\sin 3\theta+\cdots+\sin(n-1)\theta$$

将 B 乘以 i,得

$$\mathrm{i}B=\mathrm{i}\sin\theta+\mathrm{i}\sin 2\theta+\mathrm{i}\sin 3\theta+\cdots+\mathrm{i}\sin(n-1)\theta$$

$$A+\mathrm{i}B=1+(\cos\theta+\mathrm{i}\sin\theta)+(\cos 2\theta+\mathrm{i}\sin 2\theta)+(\cos 3\theta+\mathrm{i}\sin 3\theta)+\cdots+((\cos(n-1)\theta+\mathrm{i}\sin(n-1)\theta)$$

令

$$Z=\cos\theta+\mathrm{i}\sin\theta$$

由棣美弗(De Moivre) 公式

$$Z^n = (\cos\theta + \mathrm{i}\sin\theta)^n = \cos n\theta + \mathrm{i}\sin n\theta$$

所以

$$A + \mathrm{i}B = 1 + (\cos\theta + \mathrm{i}\sin\theta) + (\cos\theta + \mathrm{i}\sin\theta)^2 + (\cos\theta + \mathrm{i}\sin\theta)^3 + \cdots + (\cos\theta + \mathrm{i}\sin\theta)^{n-1} = 1 + Z + Z^2 + Z^3 + \cdots + Z^{n-1}$$

由等比数列求前 n 项和公式,得知当

$$Z = \cos\theta + \mathrm{i}\sin\theta \neq 1$$

时,有 $A + \mathrm{i}B = \dfrac{1 - Z^n}{1 - Z}$. 然而 $\cos\theta + \mathrm{i}\sin\theta = 1$ 与 $\begin{cases}\cos\theta = 1\\ \sin\theta = 0\end{cases}$ 等价,即与 $\theta = 2n\pi$ 等价,这时 $A = n, B = 0$,于是在 $\theta \neq 2n\pi$ 时,有

$$\begin{aligned} A + \mathrm{i}B &= \frac{1 - Z^n}{1 - Z} \\ &= \frac{1 - \cos n\theta - \mathrm{i}\sin n\theta}{1 - \cos\theta - \mathrm{i}\sin\theta} \\ &= \frac{2\sin^2\frac{n\theta}{2} - 2\mathrm{i}\sin\frac{n\theta}{2}\cos\frac{n\theta}{2}}{2\sin^2\frac{\theta}{2} - 2\mathrm{i}\sin\frac{\theta}{2}\cos\frac{\theta}{2}} \\ &= \frac{\sin\frac{n\theta}{2}}{\sin\frac{\theta}{2}} \cdot \frac{\sin\frac{n\theta}{2} - \mathrm{i}\cos\frac{n\theta}{2}}{\sin\frac{\theta}{2} - \mathrm{i}\cos\frac{\theta}{2}} \\ &= \frac{\sin\frac{n\theta}{2}}{\sin\frac{\theta}{2}} \cdot \frac{\cos\frac{n\theta}{2} + \mathrm{i}\sin\frac{n\theta}{2}}{\cos\frac{\theta}{2} - \mathrm{i}\sin\frac{\theta}{2}} \end{aligned}$$

$$=\frac{\sin\frac{n\theta}{2}}{\sin\frac{\theta}{2}}\left(\cos\frac{n-1}{2}\theta+\mathrm{i}\sin\frac{n-1}{2}\theta\right)$$

比较等式两边的实部与虚部,得

$$A=\frac{\cos\frac{n-1}{2}\theta\sin\frac{n}{2}\theta}{\sin\frac{1}{2}\theta}$$

$$B=\frac{\sin\frac{n-1}{2}\theta\sin\frac{n}{2}\theta}{\sin\frac{1}{2}\theta}$$

故

$$1+\cos\theta+\cos 2\theta+\cos 3\theta+\cdots+\cos(n-1)\theta$$

$$=\frac{\cos\frac{n-1}{2}\theta\sin\frac{n}{2}\theta}{\sin\frac{1}{2}\theta}$$

$$\sin\theta+\sin 2\theta+\sin 3\theta+\cdots+\sin(n-1)\theta$$

$$=\frac{\sin\frac{n-1}{2}\theta\sin\frac{n}{2}\theta}{\sin\frac{1}{2}\theta}$$

在例20中,我们多次用三角级数公式(1)、(2)解决三角级数

$$\cos\alpha+2\cos 2\alpha+3\cos 3\alpha+\cdots+n\cos n\alpha$$

的求和问题,现在运用复数也求解了此题.

例43 求和

$$A=\cos\alpha+2\cos 2\alpha+3\cos 3\alpha+\cdots+n\cos n\alpha$$

$B = \sin\alpha + 2\sin 2\alpha + 3\sin 3\alpha + \cdots + n\sin n\alpha$

解　将 B 乘以 i 并与 A 相加得

$$A + \mathrm{i}B = (\cos\alpha + \mathrm{i}\sin\alpha) + 2(\cos 2\alpha + \mathrm{i}\sin 2\alpha) + 3(\cos 3\alpha + \mathrm{i}\sin 3\alpha) + \cdots + n(\cos n\alpha + \mathrm{i}\sin n\alpha)$$

令 $Z = \cos\alpha + \mathrm{i}\sin\alpha$,则

$$A + \mathrm{i}B = Z + 2Z^2 + 3Z^3 + \cdots + nZ^n \qquad (1)$$

将(1) $\times Z$,得

$$(A + \mathrm{i}B)Z = Z^2 + 2Z^3 + \cdots + (n-1)Z^n + nZ^{n+1} \qquad (2)$$

(1) - (2) 得

$$(A + \mathrm{i}B)(1 - Z) = Z + Z^2 + Z^3 + \cdots + Z^n - nZ^{n+1}$$

当 $Z \neq 1$ 时(与之等价的条件是 $\alpha \neq 2k\pi$),则有

$$A + \mathrm{i}B = \frac{Z + Z^2 + Z^3 + \cdots + Z^n - nZ^{n+1}}{1 - Z}$$

$$= \frac{\dfrac{Z(1 - Z^n)}{1 - Z} - nZ^{n+1}}{1 - Z}$$

$$= \frac{Z - Z^{n+1} - n(Z^{n+1} - Z^{n+2})}{(1 - Z)^2}$$

$$= \frac{\cos\alpha + \mathrm{i}\sin\alpha}{(1 - \cos\alpha - \mathrm{i}\sin\alpha)^2} - \frac{\cos(n+1)\alpha + \mathrm{i}\sin(n+1)\alpha}{(1 - \cos\alpha - \mathrm{i}\sin\alpha)^2} - \frac{n(\cos(n+1)\alpha + \mathrm{i}\sin(n+1)\alpha)}{(1 - \cos\alpha - \mathrm{i}\sin\alpha)^2} + \frac{n(\cos(n+2)\alpha + \mathrm{i}\sin(n+2)\alpha)}{(1 - \cos\alpha - \mathrm{i}\sin\alpha)^2}$$

$$=\frac{(\cos\alpha-\cos(n+1)\alpha)-n\cos(n+1)\alpha}{(2\sin^2\frac{\alpha}{2}-2\mathrm{i}\sin\frac{\alpha}{2}\cos\frac{\alpha}{2})^2}+\frac{n\cos(n+2)\alpha+\mathrm{i}(\sin\alpha-\sin(n+1)\alpha)}{(2\sin^2\frac{\alpha}{2}-2\mathrm{i}\sin\frac{\alpha}{2}\cos\frac{\alpha}{2})^2}-\frac{n\mathrm{i}(\sin(n+1)\alpha-\sin(n+2)\alpha)}{(2\sin^2\frac{\alpha}{2}-2\mathrm{i}\sin\frac{\alpha}{2}\cos\frac{\alpha}{2})^2}$$

$$=\frac{2\sin\frac{n\alpha}{2}\sin\frac{n+2}{2}\alpha-2n\sin\frac{2n+3}{2}\alpha\sin\frac{\alpha}{2}}{-4\sin^2\frac{\alpha}{2}(\cos\alpha+\mathrm{i}\sin\alpha)}-\frac{2\mathrm{i}(\cos\frac{n+2}{2}\alpha\sin\frac{n}{2}\alpha-n\cos\frac{2n+3}{2}\alpha\sin\frac{\alpha}{2})}{-4\sin^2\frac{\alpha}{2}(\cos\alpha+\mathrm{i}\sin\alpha)}$$

$$=\frac{2\sin\frac{n\alpha}{2}(\sin\frac{n+2}{2}\alpha-\mathrm{i}\cos\frac{n+2}{2}\alpha)}{-4\sin^2\frac{\alpha}{2}(\cos\alpha+\mathrm{i}\sin\alpha)}-\frac{2n(\sin\frac{2n+3}{2}\alpha-\mathrm{i}\cos\frac{2n+3}{2}\alpha)\sin\frac{\alpha}{2}}{-4\sin^2\frac{\alpha}{2}(\cos\alpha+\mathrm{i}\sin\alpha)}$$

$$=\frac{-\mathrm{i}\sin\frac{n\alpha}{2}(\cos\frac{n+2}{2}\alpha+\mathrm{i}\sin\frac{n+2}{2}\alpha)}{-2\sin^2\frac{\alpha}{2}(\cos\alpha+\mathrm{i}\sin\alpha)}+\frac{\mathrm{i}n\sin\frac{\alpha}{2}(\cos\frac{2n+3}{2}\alpha+\mathrm{i}\sin\frac{2n+3}{2}\alpha)}{-2\sin^2\frac{\alpha}{2}(\cos\alpha+\mathrm{i}\sin\alpha)}$$

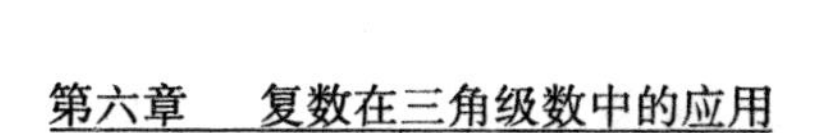

$$= \frac{\mathrm{i}\sin\frac{n\alpha}{2}}{2\sin^2\frac{\alpha}{2}}\left(\cos\frac{n}{2}\alpha + \mathrm{i}\sin\frac{n}{2}\alpha\right) -$$

$$\frac{\mathrm{i}n\sin\frac{\alpha}{2}}{2\sin^2\frac{\alpha}{2}}\left(\cos\frac{2n+1}{2}\alpha + \mathrm{i}\sin\frac{2n+1}{2}\alpha\right)$$

$$= \frac{1}{2\sin^2\frac{\alpha}{2}}\left(n\sin\frac{\alpha}{2}\sin\frac{2n+1}{2}\alpha - \sin^2\frac{n}{2}\alpha\right) +$$

$$\frac{\mathrm{i}}{2\sin^2\frac{\alpha}{2}}\left(\sin\frac{n\alpha}{2}\cos\frac{n}{2}\alpha - n\sin\frac{\alpha}{2}\cos\frac{2n+1}{2}\alpha\right)$$

比较这一式子的实部和虚部,得

$$A = \cos\alpha + 2\cos 2\alpha + 3\cos 3\alpha + \cdots + n\cos n\alpha$$

$$= \frac{1}{2\sin^2\frac{\alpha}{2}}\left(n\sin\frac{\alpha}{2}\sin\frac{2n+1}{2}\alpha - \sin^2\frac{n}{2}\alpha\right)$$

$$B = \sin\alpha + 2\sin 2\alpha + 3\sin 3\alpha + \cdots + n\sin n\alpha$$

$$= \frac{1}{2\sin^2\frac{\alpha}{2}}\left(\sin\frac{n\alpha}{2}\cos\frac{n\alpha}{2} - n\sin\frac{\alpha}{2}\cos\frac{2n+1}{2}\alpha\right)$$

但在 $\alpha = 2k\pi$,即 $Z = 1$ 时,显然有

$$A = 1 + 2 + \cdots + n = \frac{n(n+1)}{2}, B = 0$$

例 44　求证:$\cos\frac{2\pi}{7}, \cos\frac{4\pi}{7}, \cos\frac{6\pi}{7}$ 分别是方程

$$64x^6 + 64x^5 - 48x^4 - 48x^3 + 8x^2 + 8x + 1 = 0$$

的二重根.

证明 方程

$$64x^6+64x^5-48x^4-48x^3+8x^2+8x+1=0$$

是一个完全平方方程.

假定

$$\begin{aligned}&64x^6+64x^5-48x^4-48x^3+8x^2+8x+1\\&=(8x^3+ax^2+bx-1)^2\\&=64x^6+16ax^5+(a^2+16b)x^4+(2ab-16)x^3+\\&\quad(b^2-2a)x^2-2bx+1\end{aligned}$$

比较对应项的系数,得

$$\begin{cases}16a=64 & ①\\ a^2+16b=-48 & ②\\ 2ab-16=-48 & ③\\ b^2-2a=8 & ④\\ -2b=8 & ⑤\end{cases}$$

由①得:$a=4$.

由⑤得:$b=-4$.

将 $a=4$,$b=-4$ 分别代入②,③,④,均能使这几个式子成立.

所以有

$$64x^6+64x^5-48x^4-48x^3+8x^2+8x+1=(8x^3+4x^2-4x-1)^2=0$$

现在只需证明 $\cos\frac{2\pi}{7},\cos\frac{4\pi}{7},\cos\frac{6\pi}{7}$ 为方程

$$8x^3+4x^2-4x-1=0$$

的三个根就可以了

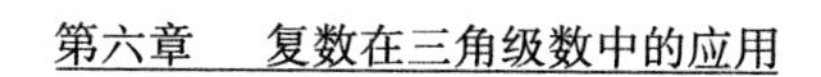

$$\cos\frac{2\pi}{7}+\cos\frac{4\pi}{7}+\cos\frac{6\pi}{7}$$

$$=\frac{\cos\left(\frac{2\pi}{7}+\frac{2}{2}\cdot\frac{2\pi}{7}\right)\sin\frac{3}{2}\cdot\frac{2\pi}{7}}{\sin\frac{\pi}{7}}$$

$$=\frac{\cos\frac{4\pi}{7}\sin\frac{3\pi}{7}}{\sin\frac{\pi}{7}}$$

$$=\frac{2\sin\frac{4\pi}{7}\cos\frac{4\pi}{7}}{2\sin\frac{\pi}{7}}$$

$$=\frac{\sin\frac{8\pi}{7}}{3\sin\frac{\pi}{7}}=-\frac{1}{2}$$

$$\cos\frac{2\pi}{7}\cos\frac{4\pi}{7}+\cos\frac{2\pi}{7}\cos\frac{6\pi}{7}+\cos\frac{4\pi}{7}\cos\frac{6\pi}{7}$$

$$=\cos\frac{2\pi}{7}\cos\frac{4\pi}{7}+\cos\frac{\pi}{7}\cos\frac{5\pi}{7}+\cos\frac{3\pi}{7}\cos\frac{\pi}{7}$$

$$=\frac{1}{2}\left(\cos\frac{6\pi}{7}+\cos\frac{2\pi}{7}+\cos\frac{6\pi}{7}+\right.$$

$$\left.\cos\frac{4\pi}{7}+\cos\frac{4\pi}{7}+\cos\frac{2\pi}{7}\right)$$

$$=\cos\frac{2\pi}{7}+\cos\frac{4\pi}{7}+\cos\frac{6\pi}{7}=-\frac{1}{2}$$

$$\cos\frac{2\pi}{7}\cos\frac{4\pi}{7}\cos\frac{6\pi}{7}$$

$$=-\cos\frac{\pi}{7}\cos\frac{2\pi}{7}\cos\frac{4\pi}{7}$$

$$= -\frac{2\sin\frac{\pi}{7}\cos\frac{\pi}{7}\cos\frac{2\pi}{7}\cos\frac{4\pi}{7}}{2\sin\frac{\pi}{7}}$$

$$= -\frac{\sin\frac{2\pi}{7}\cos\frac{2\pi}{7}\cos\frac{4\pi}{7}}{2\sin\frac{\pi}{7}}$$

$$= -\frac{\sin\frac{4\pi}{7}\cos\frac{4\pi}{7}}{4\sin\frac{\pi}{7}}$$

$$= -\frac{\sin\frac{8\pi}{7}}{8\sin\frac{\pi}{7}}$$

$$= \frac{1}{8}$$

由上述三式根据韦达定理可知

$$\cos\frac{2\pi}{7},\cos\frac{4\pi}{7},\cos\frac{6\pi}{7}$$

分别为方程

$$8x^3 + 4x^2 - 4x - 1 = 0$$

的三个根.

故 $\cos\frac{2\pi}{7},\cos\frac{4\pi}{7},\cos\frac{6\pi}{7}$ 为方程

$$64x^6 + 64x^5 - 48x^4 - 48x^3 + 8x^2 + 8x + 1 = 0$$

的二重根.

大家可做练习题第 41 ~ 43 题.

⊙ 练习题

1. 不查表,计算下列各题:

(1) $\sin 20^\circ + \sin 40^\circ + \sin 60^\circ + \sin 80^\circ + \cdots + \sin 360^\circ$.

(2) $\sin\frac{2\pi}{7} + \sin\frac{4\pi}{7} + \sin\frac{6\pi}{7} + \cdots + \sin\frac{12\pi}{7}$.

2. 求和: $\sin\theta + \sin\frac{n-4}{n-2}\theta + \sin\frac{n-6}{n-2}\theta + \cdots + \sin\frac{n-2n}{n-2}\theta$.

3. 求证: $\sin\alpha + \sin\left(\alpha + \frac{2\pi}{n}\right) + \sin\left(\alpha + \frac{4\pi}{n}\right) + \cdots + \sin\left(\alpha + \frac{n-1}{n}\cdot 2\pi\right) = 0$.

4. 求证：$\sin\frac{\pi}{n}+\sin\frac{2\pi}{n}+\sin\frac{3\pi}{n}+\cdots+\sin\frac{n-1}{n}\pi=\cot\frac{\pi}{2n}$.

5. 已知

$$A_n=\sin\frac{\pi}{2n}+\sin\frac{2\pi}{2n}+\sin\frac{3\pi}{2n}+\cdots+\sin\frac{n\pi}{2n}$$

$$B_n=\frac{\pi}{2n}+\frac{2\pi}{2n}+\frac{3\pi}{2n}+\cdots+\frac{n\pi}{2n}$$

(1) 求$\frac{A_n}{B_n}$的值．

(2) 当 $n\to\infty$ 时，求$\lim\limits_{n\to\infty}\frac{A_n}{B_n}$的值．

6. 计算下列各题：

(1) $\cos 20°+\cos 60°+\cos 100°+\cos 140°$.

(2) $\cos\frac{\pi}{5}+\cos\frac{2\pi}{5}+\cos\frac{3\pi}{5}+\cos\frac{4\pi}{5}$.

(3) $\cos\frac{\pi}{9}+\cos\frac{3\pi}{9}+\cos\frac{5\pi}{9}+\cos\frac{7\pi}{9}$.

(4) $\cos\frac{2\pi}{9}+\cos\frac{4\pi}{9}+\cos\frac{6\pi}{9}+\cos\frac{8\pi}{9}$.

(5) $\cos\frac{2\pi}{15}+\cos\frac{4\pi}{15}+\cos\frac{6\pi}{15}+\cdots+\cos\frac{14\pi}{15}$.

7. 计算：$\cos\frac{11\pi}{36}+\cos\frac{13\pi}{36}+\cos\frac{35\pi}{36}$.

8. 求和：$\cos\frac{\pi}{n}+\cos\frac{2\pi}{n}+\cos\frac{3\pi}{n}+\cdots+\cos\frac{n-1}{n}n$.

9. 求和：$\cos\theta+\cos 3\theta+\cos 5\theta+\cdots+\cos(2n-1)\theta$.

10. 求和：$\cos\frac{1}{2}A+\cos 2A+\cos\frac{7}{2}A+\cdots+\cos\frac{3n-2}{2}A$.

11. 求和：$\cos\alpha-\cos(\alpha+\beta)+\cos(\alpha+2\beta)-\cos(\alpha+3\beta)+\cdots+(-1)^{n-1}\cos(\alpha+(n-1)\beta)$.

12. 求和：$\cos x+\sin 3x+\cos 5x+\sin 7x+\cdots+\cos(4n-1)x$.

13. 求和：$\cos\alpha-\cos(\alpha+2\beta)+\cos(\alpha+4\beta)+\cdots+(-1)^{n-1}\cos(\alpha+(n-1)2\beta)$.

14. 求和：$\frac{1}{1+\tan\alpha\tan 2\alpha}+\frac{1}{1+\tan 2\alpha\tan 4\alpha}+\frac{1}{1+\tan 3\alpha\tan 6\alpha}+\cdots+\frac{1}{1+\tan n\alpha\tan 2n\alpha}$.

15. 求证：$\cos\frac{\pi}{2n+1}+\cos\frac{3\pi}{2n+1}+\cos\frac{5\pi}{2n+1}+\cdots+\cos\frac{(2n-1)\pi}{2n+1}=-(\cos\frac{2\pi}{2n+1}+\cos\frac{4\pi}{2n+1}+\cos\frac{6\pi}{2n+1}+\cdots+\cos\frac{2n\pi}{2n+1})$.

16. 求证：$\frac{\sin\alpha+\sin 2\alpha+\cdots+\sin n\alpha}{\cos\alpha+\cos 2\alpha+\cdots+\cos n\alpha}=\tan\frac{n+1}{2}\alpha$.

17. 求证：$\frac{\sin\alpha+\sin 3\alpha+\cdots+\sin(2n-1)\alpha}{\cos\alpha+\cos 3\alpha+\cdots+\cos(2n-1)\alpha}=\tan n\alpha$.

18. 求证：$(\sin\alpha-\sin(\alpha+\beta)+\sin(\alpha+2\beta)-\cdots+(-1)^{n-1}\sin(\alpha+(n-1)\beta))(\cos\alpha-\cos(\alpha+\beta)+\cos(\alpha+2\beta)+\cdots+(-1)^{n-1}\cos(\alpha+(n-1)\beta))=$

$\tan\left(\alpha+\frac{n-1}{2}(\beta+\pi)\right)$.

19. 求和:$\cos\alpha\sin 2\alpha+\sin 2\alpha\cos 3\alpha+\cos 3\alpha\sin 4\alpha+\cdots+\cos(2n-1)\alpha\sin 2n\alpha+\sin 2n\alpha\cos(2n+1)\alpha$.

20. 求和:$\cos\alpha\cos\beta+\cos 3\alpha\cos 2\beta+\cos 5\alpha\cos 3\beta+\cdots+\cos(2n-1)\alpha\cos n\alpha$.

21. 求和:$\sin\alpha\sin(\alpha+\beta)-\sin(\alpha+\beta)\sin(\alpha+2\beta)+\sin(\alpha+2\beta)\sin(\alpha+3\beta)-\sin(\alpha+3\beta)\sin(\alpha+4\beta)+\cdots+\sin(\alpha+(2n-1)\beta)\sin(\alpha+2n\beta)$.

22. 计算:$\sin^4 22.5°+\sin^4 67.5°+\sin^4 112.5°+\sin^4 157.5°$.

23. 求和:$\sin^2\theta+\sin^2 2\theta+\sin^2 3\theta+\cdots+\sin^2 n\theta$.

24. 求和:$\sin^3\theta+\sin^3 2\theta+\sin^3 3\theta+\cdots+\sin^3 n\theta$.

25. 求和:$\cos^4\theta+\cos^4 2\theta+\cos^4 3\theta+\cdots+\cos^4 n\theta$.

26. 计算:$\cos^2\frac{\pi}{8}+\cos^2\frac{3\pi}{8}+\cos^2\frac{5\pi}{8}+\cos^2\frac{7\pi}{8}$.

27. 求证:$\sin^4\alpha+\frac{1}{4}\sin^4 2\alpha+\frac{1}{16}\sin^4 4\alpha+\cdots+\frac{1}{4^{n-1}}\sin^4 2^{n-1}\alpha=\sin^2\alpha-\frac{1}{4^n}\sin^2 2^n\alpha$.

28. 求证:$\cos^2\frac{\pi}{4}+\cos^2\frac{3\pi}{4}+\cos^2\frac{5\pi}{4}+\cdots+\cos^2\frac{2n-1}{4}\pi=\frac{n}{2}$.

29. 已知:$A_1,A_2,A_3,\cdots,A_{m+1},A_{m+2},\cdots,A_{2n}$ 将 $\odot O$ $2n$ 等分,过这 $2n$ 个等分点分别作 $\odot O$ 的切线. A_1A_1' 为 $\odot O$ 的直径,过 A_1' 依次作上述 $2n$ 条切线的垂线,垂足依次为 $A_1,B_2,B_3,B_4,\cdots,B_{m+1},B_{m+2},\cdots,B_{2n}$.

求证:$A_1'A_1^{\ 2}+A_1'B_2^{\ 2}+A_1'B_3^{\ 2}+A_1'B_4^{\ 2}+\cdots+$

$A_1'B_{m+1}^{\ 2}+\cdots+A_1'B_{2n}^{\ 2}$ 为常数.

30. 已知:$A_1,A_2,A_3,\cdots,A_n$ 为 $\odot O$ 的内接正 n 边形的各个顶点,P 为圆周上任意一点,R 为 $\odot O$ 的半径. 求证:$PA_1^4+PA_2^4+PA_3^4+\cdots+PA_n^4$ 为常数.

31. 已知:$A_1,A_2,A_3,\cdots,A_n$ 为 $\odot O$ 的内接正 n 边形的各个顶点,以 A_n 为顶点,以 $A_1A_2,A_2A_3,\cdots,A_{n-2}A_{n-1}$ 为对边的三角形分别为:$\triangle A_nA_1A_2,\triangle A_nA_2A_3,\triangle A_nA_3A_4,\cdots,\triangle A_nA_{n-2}A_{n-1}$. 求证:

(1) 这些三角形内切圆半径的和为

$$2R(1-n\sin^2\frac{\pi}{2n})$$

(2) 这些三角形内切圆面积的和为

$$16\pi R^2\sin^2\frac{\pi}{2n}(\frac{n}{4}\sin^2\frac{\pi}{2n}+\frac{n-4}{8})$$

32. 解下列方程:

(1) $\cos^2 x+\cos^2 2x+\cos^2 3x+\cos^2 4x=2$.

(2) $\cos^3 3x+\cos^4 3x=\sin^3 3x+\sin^4 3x$.

33. 求和:$\arctan\frac{1}{3}+\arctan\frac{1}{5}+\arctan\frac{1}{7}+\arctan\frac{1}{8}$.

34. 求和:$S_n=\frac{1}{\sin\theta\sin 3\theta}+\frac{1}{\sin 3\theta\sin 5\theta}+\cdots+\frac{1}{\sin(2n-1)\theta\sin(2n+1)\theta}$.

35. 求和:$S_n=\tan\frac{\alpha}{2}\sec\alpha+\tan\frac{\alpha}{2^2}\sec\frac{\alpha}{2}+\cdots+\tan\frac{\alpha}{2^n}\sec\frac{\alpha}{2^{n-1}}$.

36. 求和:$S_n=\frac{1}{\cos\alpha\cos 3\alpha}+\frac{1}{\cos 3\alpha\cos 5\alpha}+$

$\dfrac{1}{\cos 5\alpha\cos 7\alpha}+\cdots+\dfrac{1}{\cos(2n-1)\alpha\cos(2n+1)\alpha}$.

37. 求和：$S_n=\arctan\dfrac{x}{1\times 2+x^2}+\arctan\dfrac{x}{2\times 3+x^2}+\arctan\dfrac{x}{3\times 4+x^2}+\cdots+\arctan\dfrac{x}{n\times(n+1)+x^2}$.

38. 求证：$\arctan\dfrac{1}{21}+\arctan\dfrac{\frac{1}{21}}{1+1\times 2\times(\frac{1}{21})^2}+\cdots+\arctan\dfrac{\frac{1}{21}}{1+20\times 21\times(\frac{1}{21})^2}=\dfrac{\pi}{4}$.

39. 求证：$\arctan 3+\arctan 5+\cdots+\arctan(2n+1)=\arctan 2+\arctan\dfrac{3}{2}+\arctan\dfrac{4}{3}+\cdots+\arctan\dfrac{n+1}{n}-n\arctan 1$.

40. 求证：$\sec A+\sec 2A+\sec 4A+\cdots+\sec 2^nA=\tan 2^nA-\tan\dfrac{A}{2}$.

41. 求和：$A_n=1+a\cos\varphi+a^2\cos 2\varphi+a^3\cos 3\varphi+\cdots+a^n\cos n\varphi$.

42. 求证：$\cos\dfrac{2\pi}{7},\cos\dfrac{4\pi}{7},\cos\dfrac{6\pi}{7}$是方程$8x^3+4x^2-4x-1=0$的三个根.

43. 若$\cos\alpha+\mathrm{i}\sin\alpha$是方程$x^n+P_1x^{n-1}+P_2x^{n-2}+P_3x^{n-3}+\cdots+P_n=0(P_n\neq 0)$的解，且$P_1,P_2,P_3,\cdots,P_n$皆为实数. 求证：$P_1\sin\alpha+P_2\sin 2\alpha+P_3\sin 3\alpha+\cdots+P_n\sin n\alpha=0$.

⊙ 练习题的解答或提示

1. (1)

$$\sin 20° + \sin 40° + \sin 60° + \sin 80° + \cdots + \sin 360°$$

$$= \sin 20° + \sin(20° + 20°) + \sin(20° + 2 \times 20°) + \cdots + \sin(20° + 17 \times 20°)$$

$$= \frac{\sin(20° + \frac{17}{2} \times 20°)\sin \frac{18°}{2} \times 20°}{\sin 10°}$$

$$= \frac{\sin 190° \sin 180°}{\sin 10°}$$

$$= 0$$

(2)

$$\sin \frac{2\pi}{7} + \sin \frac{4\pi}{7} + \sin \frac{6\pi}{7} + \cdots + \sin \frac{12\pi}{7}$$

$$= \sin \frac{2\pi}{7} + \sin(\frac{2\pi}{7} + \frac{2\pi}{7}) + \sin(\frac{2\pi}{7} + \frac{2 \times 2\pi}{7}) + \cdots + \sin(\frac{2\pi}{7} + \frac{5 \times 2\pi}{7})$$

$$= \frac{\sin\left(\frac{2\pi}{7} + \frac{5}{2} \times \frac{2\pi}{7}\right)\sin 3 \times \frac{2\pi}{7}}{\sin \frac{\pi}{7}}$$

$$= \frac{\sin \pi \sin \frac{6\pi}{7}}{\sin \frac{\pi}{7}}$$

$$= 0$$

2.

$$\sin\theta + \sin\frac{n-4}{n-2}\theta + \sin\frac{n-6}{n-2}\theta + \cdots + \sin\frac{n-2n}{n-2}\theta$$

$$= \sin\theta + \sin\left(\theta - \frac{1}{n-2}2\theta\right) +$$

$$\sin\left(\theta - \frac{2}{n-2}2\theta\right) + \cdots + \sin\left(\theta - \frac{n-1}{n-2}2\theta\right)$$

$$= \frac{\sin\left(\theta + \frac{n-1}{2}\left(-\frac{2\theta}{n-2}\right)\right)\sin\frac{n}{2}\left(-\frac{2\theta}{n-2}\right)}{-\sin\frac{\theta}{n-2}}$$

$$= \frac{\sin\left(\theta - \frac{n-1}{n-2}\theta\right)\sin\frac{n\theta}{n-2}}{\sin\frac{\theta}{n-2}}$$

$$= -\frac{\sin\frac{\theta}{n-2}\sin\frac{n\theta}{n-2}}{\sin\frac{\theta}{n-2}}$$

$$= -\sin\frac{n\theta}{n-2}$$

3. 利用公式(1) 即可证明.

4. 令 $\alpha=0,\beta=\frac{\pi}{n}$,由公式(1)得

$$\sin\frac{\pi}{n}+\sin\frac{2\pi}{n}+\sin\frac{3\pi}{n}+\cdots+\sin\frac{n-1}{n}\pi$$

$$=\frac{\sin\left(\frac{n-1}{2}\cdot\frac{\pi}{n}\right)\sin\frac{n}{2}\cdot\frac{\pi}{n}}{\sin\frac{\pi}{2n}}$$

$$=\frac{\sin\left(\frac{\pi}{2}-\frac{\pi}{2n}\right)}{\sin\frac{\pi}{2n}}$$

$$=\cot\frac{\pi}{2n}$$

5. 因为

$$A_n=\sin\frac{\pi}{2n}+\sin\frac{2\pi}{2n}+\sin\frac{3\pi}{2n}+\cdots+\sin\frac{n\pi}{2n}$$

$$=\frac{\sin\frac{\pi}{4}\sin\frac{n+1}{4n}\pi}{\sin\frac{\pi}{4n}}$$

$$B_n=\frac{\pi}{2n}+\frac{2\pi}{2n}+\frac{3\pi}{2n}+\cdots+\frac{n\pi}{2n}$$

$$=\frac{n\left(\frac{\pi}{2n}+\frac{n\pi}{2n}\right)}{2}$$

$$=\frac{n+1}{4}\pi$$

所以有：

(1)

$$\frac{A_n}{B_n}=\frac{\sin\frac{\pi}{4}\sin\frac{n+1}{4n}\pi}{\frac{n+1}{4}\pi\sin\frac{\pi}{4n}}$$

(2)

$$\lim_{n\to\infty}\frac{A_n}{B_n}=\lim_{n\to\infty}\frac{\sin\frac{n+1}{4n}\pi\sin\frac{\pi}{4}}{\frac{n+1}{4}\pi\sin\frac{\pi}{4n}}$$

$$=\lim_{n\to\infty}\frac{\frac{\pi}{4n}\sin\left(\frac{1}{4}+\frac{1}{4n}\right)\pi\sin\frac{\pi}{4}}{\frac{n+1}{4}\pi\cdot\frac{\pi}{4n}\cdot\sin\frac{\pi}{4n}}$$

$$=\lim_{n\to\infty}\frac{16\frac{\pi}{4n}\sin\left(\frac{1}{4}+\frac{1}{4n}\right)\pi\cdot\sin\frac{\pi}{4}}{\frac{n+1}{4}\pi^2\cdot\sin\frac{\pi}{4n}}$$

$$=\sin\frac{\pi}{4}\lim_{n\to\infty}\frac{16\sin\left(\frac{1}{4}+\frac{1}{4n}\right)\pi}{\left(1+\frac{1}{n}\right)\pi^2}\cdot\lim_{n\to\infty}\frac{\frac{\pi}{4n}}{\sin\frac{\pi}{4n}}$$

$$=16\sin\frac{\pi}{4}\frac{\lim\limits_{n\to\infty}\left(\frac{1}{4}+\frac{1}{4n}\right)\pi}{\lim\limits_{n\to\infty}\left(1+\frac{1}{n}\right)\pi^2}\cdot\lim_{n\to\infty}\frac{\frac{1}{\sin\frac{\pi}{4n}}}{\frac{\pi}{4n}}$$

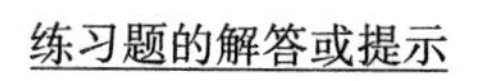

$$= \frac{16\sin\frac{\pi}{4}\cdot\sin\frac{\pi}{4}}{\pi^2}\cdot\frac{1}{\lim\limits_{n\to\infty}\frac{\sin\frac{\pi}{4n}}{\frac{\pi}{4n}}}$$

$$= \frac{8}{\pi^2}$$

（因为$\lim\limits_{n\to\infty}\frac{\sin\frac{\pi}{4n}}{\frac{\pi}{4n}} = 1$）.

6. (1)

$$\cos 20^\circ + \cos 60^\circ + \cos 100^\circ + \cos 140^\circ$$

$$= \frac{\cos\left(20^\circ + \frac{3}{2}\cdot 40^\circ\right)\sin(2\cdot 40^\circ)}{\sin 20^\circ}$$

$$= \frac{\sin 80^\circ\cos 80^\circ}{\sin 20^\circ}$$

$$= \frac{1}{2}\cdot\frac{\cos 160^\circ}{\sin 20^\circ}$$

$$= \frac{1}{2}$$

(2)

$$\cos\frac{\pi}{5} + \cos\frac{2\pi}{5} + \cos\frac{3\pi}{5} + \cos\frac{4\pi}{5}$$

$$= \frac{\cos\left(\frac{\pi}{5} + \frac{3}{2}\cdot\frac{\pi}{5}\right)\sin\frac{2\pi}{5}}{\sin\frac{\pi}{10}}$$

$$= \frac{\cos\frac{\pi}{2}\sin\frac{2\pi}{5}}{\sin\frac{\pi}{10}}$$

$$= 0$$

(3)

$$\cos\frac{\pi}{9} + \cos\frac{3\pi}{9} + \cos\frac{5\pi}{9} + \cos\frac{7\pi}{9}$$

$$= \frac{\cos\left(\frac{\pi}{9} + \frac{3}{2}\cdot\frac{2\pi}{9}\right)\sin\frac{4\pi}{9}}{\sin\frac{\pi}{9}}$$

$$= \frac{\sin\frac{4\pi}{9}\cos\frac{4\pi}{9}}{\sin\frac{\pi}{9}}$$

$$= \frac{1}{2}\cdot\frac{\sin\frac{8\pi}{9}}{\sin\frac{\pi}{9}}$$

$$= \frac{1}{2}$$

(4)

$$\cos\frac{2\pi}{9} + \cos\frac{4\pi}{9} + \cos\frac{6\pi}{9} + \cos\frac{8\pi}{9}$$

$$= \frac{\cos\left(\frac{2\pi}{9} + \frac{3}{2}\cdot\frac{2\pi}{9}\right)\sin\frac{4\pi}{9}}{\sin\frac{\pi}{9}}$$

$$= \frac{\cos \frac{5\pi}{9} \sin \frac{4\pi}{9}}{\sin \frac{\pi}{9}}$$

$$= - \frac{\sin \frac{4\pi}{9} \cos \frac{4\pi}{9}}{\sin \frac{\pi}{9}}$$

$$= - \frac{1}{2}$$

(5)

$$\cos \frac{2\pi}{15} + \cos \frac{4\pi}{15} + \cos \frac{6\pi}{15} + \cdots + \cos \frac{14\pi}{15}$$

$$= \frac{\cos \left(\frac{2\pi}{15} + \frac{6}{2} \cdot \frac{2\pi}{15}\right) \sin \frac{7\pi}{15}}{\sin \frac{\pi}{15}}$$

$$= \frac{\cos \frac{8\pi}{15} \sin \frac{7\pi}{15}}{\sin \frac{\pi}{15}}$$

$$= - \frac{\cos \frac{7\pi}{15} \sin \frac{7\pi}{15}}{\sin \frac{\pi}{15}}$$

$$= - \frac{1}{2} \cdot \frac{\sin \frac{14\pi}{15}}{\sin \frac{\pi}{15}}$$

$$= - \frac{1}{2}$$

7.

$$\cos\frac{11\pi}{36}+\cos\frac{13\pi}{36}+\cos\frac{35\pi}{36}$$

$$=\frac{1}{2\sin\frac{11\pi}{36}}\left(2\sin\frac{11\pi}{36}\cos\frac{11\pi}{36}+2\sin\frac{11\pi}{36}\cos\frac{13\pi}{36}+\right.$$

$$\left.2\sin\frac{11\pi}{36}\cos\frac{35\pi}{36}\right)$$

$$=\frac{1}{2\sin\frac{11\pi}{36}}\left(\sin\frac{22\pi}{36}+\sin\frac{24\pi}{36}-\sin\frac{2\pi}{36}+\sin\frac{46\pi}{36}\right.$$

$$\left.-\sin\frac{24\pi}{36}\right)$$

$$=\frac{1}{2\sin\frac{11\pi}{36}}\left(\sin\frac{11\pi}{18}-\sin\frac{\pi}{18}+\sin\frac{23\pi}{18}\right)$$

$$=\frac{1}{2\sin\frac{11\pi}{36}}\left(\sin\frac{11\pi}{18}-\left(\sin\frac{\pi}{18}-\sin\frac{23\pi}{18}\right)\right)$$

$$=\frac{1}{2\sin\frac{11\pi}{36}}\left(\sin\frac{11\pi}{18}+2\sin\frac{11\pi}{18}\cos\frac{12\pi}{18}\right)$$

$$=\frac{1}{2\sin\frac{11\pi}{36}}\left(\sin\frac{11\pi}{18}+2\sin\frac{\pi}{18}\cos\frac{2\pi}{3}\right)$$

$$=\frac{1}{2\sin\frac{11\pi}{36}}\left(\sin\frac{11\pi}{18}-\sin\frac{11\pi}{18}\right)$$

$$=0$$

8.

$$\cos\frac{\pi}{n}+\cos\frac{2\pi}{n}+\cos\frac{3\pi}{n}+\cdots+\cos\frac{n-1}{n}\pi$$

$$= \frac{\cos\left(\frac{\pi}{n} + \frac{n-2}{2} \cdot \frac{\pi}{n}\right) \sin\left(\frac{n-1}{2} \cdot \frac{\pi}{n}\right)}{\sin \frac{\pi}{2n}}$$

$$= \frac{\cos \frac{n\pi}{2n} \sin \frac{(n-1)\pi}{2n}}{\sin \frac{\pi}{2n}} = 0$$

9.

$$\cos\theta + \cos 3\theta + \cos 5\theta + \cdots + \cos(2n-1)\theta$$

$$= \cos\theta + \cos(\theta + 2\theta) + \cos(\theta + 2 \cdot 2\theta) + \cdots + \cos[\theta + (n-1)2\theta]$$

$$= \frac{\cos\left(\theta + \frac{n-1}{2} \cdot 2\theta\right) \sin n\theta}{\sin\theta}$$

$$= \frac{\sin 2n\theta}{2\sin\theta}$$

10.

$$\cos\frac{A}{2} + \cos 2A + \cos\frac{7A}{2} + \cdots + \cos\frac{3n-2}{2}A$$

$$= \cos\frac{A}{2} + \cos\left(\frac{A}{2} + \frac{3A}{2}\right) + \cos\left(\frac{A}{2} + 2 \cdot \frac{3A}{2}\right) + \cdots + \cos\left(\frac{A}{2} + (n-1)\frac{3A}{2}\right)$$

$$= \frac{\cos\left(\frac{A}{2} + \frac{n-1}{2} \cdot \frac{3A}{2}\right) \sin\frac{3nA}{4}}{\sin\frac{3A}{4}}$$

$$= \frac{\cos\frac{3n-1}{4}A \cdot \sin\frac{3n}{4}A}{\sin\frac{3A}{4}}$$

11.

$$\cos\alpha = \cos\alpha$$

$$-\cos(\alpha+\beta) = \cos(\alpha+(\beta+\pi))$$

$$\cos(\alpha+2\beta) = \cos(\alpha+2(\beta+\pi))$$

$$-\cos(\alpha+3\beta) = \cos(\alpha+3(\beta+\pi))$$

$$\vdots$$

$$(-1)^{n-1}\cos(\alpha+(n-1)\beta)$$
$$= \cos(\alpha+(n-1)(\beta+\pi))$$

所以

$$\cos\alpha - \cos(\alpha+\beta) + \cos(\alpha+2\beta) - \cos(\alpha+3\beta) + \cdots + (-1)^{n-1}\cos(\alpha+(n-1)\beta))$$
$$= \cos\alpha + \cos(\alpha+(\beta+\pi)) + \cos(\alpha+2(\beta+\pi)) + \cos(\alpha+3(\beta+\pi)) + \cdots + \cos(\alpha+(n-1)(\beta+\pi))$$
$$= \frac{\cos\left(\alpha+\frac{n-1}{2}\cdot(\beta+\pi)\right)\sin\frac{n}{2}(\beta+\pi)}{\sin\frac{1}{2}(\beta+\pi)}$$
$$= \frac{\cos\left(\alpha+\frac{n-1}{2}(\beta+\pi)\right)\sin\frac{n}{2}(\beta+\pi)}{\cos\frac{\beta}{2}}$$

12.

$$\cos x + \cos 3x + \cos 5x + \cos 7x + \cdots + \sin(4n-1)x$$
$$= \cos x + \cos 5x + \cos 9x + \cos 13x + \cdots + \cos(4n-3)x + \sin 3x + \sin 7x + \sin 11x + \sin 15x + \cdots + \sin(4n-1)x$$

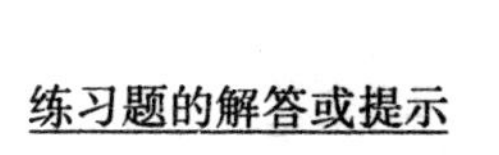

$$= \frac{\cos\left(x+\frac{n-1}{2}\cdot 4x\right)\sin\frac{n}{2}\cdot 4x}{\sin 2x} +$$

$$\frac{\sin\left(3x+\frac{n-1}{2}\cdot 4x\right)\sin\frac{n}{2}\cdot 4x}{\sin 2x}$$

$$= \frac{\cos(2n-1)x\sin 2nx}{\sin 2x} + \frac{\sin(2n+1)x\sin 2nx}{\sin 2x}$$

$$= \frac{\sin 2nx(\cos(2n-1)x+\sin(2n+1)x)}{\sin 2x}$$

$$= \frac{\sin 2nx}{\sin 2x}(\cos 2nx\cos x + \sin 2nx\sin x +$$

$$\sin 2nx\cos x + \cos 2nx\sin x)$$

$$= \frac{\sin 2nx(\sin 2nx+\cos 2nx)(\sin x+\cos x)}{\sin 2x}$$

13.

$$\cos\alpha = \cos\alpha$$

$$-\cos(\alpha+2\beta) = \cos(\pi+\alpha+2\beta)$$

$$= \cos\left(\alpha+2\left(\beta+\frac{\pi}{2}\right)\right)$$

$$\cos(\alpha+4\beta) = \cos(2\pi+\alpha+4\beta)$$

$$= \cos\left(\alpha+4\left(\beta+\frac{\pi}{2}\right)\right)$$

$$-\cos(\alpha+6\beta) = +\cos(3\pi+\alpha+6\beta)$$

$$= \cos\left(\alpha+6\left(\beta+\frac{\pi}{2}\right)\right)$$

$$\vdots$$

$$(-1)^{n-1}\cos(\alpha+2(n-1)\beta)$$

$$= \cos((n-1)\pi+\alpha+2(n-1)\beta)$$

$$= \cos\left(\alpha+2(n-1)\left(\beta+\frac{\pi}{2}\right)\right)$$

所以

$$\cos\alpha-\cos(\alpha+2\beta)+\cos(\alpha+4\beta)-\cos(\alpha+6\beta)+\cdots+(-1)^{n-1}\cos(\alpha+2(n-1)\beta)$$

$$=\cos\alpha+\cos\left(\alpha+2\left(\beta+\frac{\pi}{2}\right)\right)+\cos\left(\alpha+4\left(\beta+\frac{\pi}{2}\right)\right)+\cos\left(\alpha+6\left(\beta+\frac{\pi}{2}\right)\right)+\cdots+\cos\left(\alpha+2(n-1)\left(\beta+\frac{\pi}{2}\right)\right)$$

$$=\frac{\cos\left(\alpha+\frac{n-1}{2}\cdot 2\left(\beta+\frac{\pi}{2}\right)\right)\sin\frac{n}{2}\cdot 2\left(\beta+\frac{\pi}{2}\right)}{\sin\left(\beta+\frac{\pi}{2}\right)}$$

$$=\frac{\cos\left(\alpha+(n-1)\left(\beta+\frac{\pi}{2}\right)\right)\sin n\left(\beta+\frac{\pi}{2}\right)}{\sin\left(\beta+\frac{\pi}{2}\right)}$$

14. 设该级数的通项为 a_k,则

$$a_k=\frac{1}{1+\tan k\alpha\tan 2k\alpha}$$

$$=\frac{\cos 2k\alpha\cos k\alpha}{\cos 2k\alpha\cos k\alpha+\sin 2k\alpha\sin k\alpha}$$

$$=\frac{\cos 2k\alpha\cos k\alpha}{\cos(2k\alpha-k\alpha)}$$

$$=\cos 2k\alpha$$

令 $k=1,2,3,4,\cdots,n$,依次代入 a_k,则

$$a_1=\frac{1}{1+\tan\alpha\tan 2\alpha}=\cos 2\alpha$$

$$a_2=\frac{1}{1+\tan 2\alpha\tan 4\alpha}=\cos 4\alpha$$

$$a_3=\frac{1}{1+\tan 3\alpha\tan 6\alpha}=\cos 6\alpha$$

$$\vdots$$

$$a_n=\frac{1}{1+\tan n\alpha\tan 2n\alpha}=\cos 2n\alpha$$

将以上 n 式相加,得

$$\frac{1}{1+\tan\alpha\tan 2\alpha}+\frac{1}{1+\tan 2\alpha\tan 4\alpha}+\frac{1}{1+\tan 3\alpha\tan 6\alpha}+\cdots+\frac{1}{1+\tan n\alpha\tan 2n\alpha}$$

$$=\cos 2\alpha+\cos 2\cdot 2\alpha+\cos 3\cdot 2\alpha+\cdots+\cos n\cdot 2\alpha$$

$$=\frac{\cos\left(2\alpha+\frac{n-1}{2}\cdot 2\alpha\right)\sin\frac{n}{2}\cdot 2\alpha}{\sin\alpha}$$

$$=\frac{\cos(n+1)\alpha\sin n\alpha}{\sin\alpha}$$

15.

$$\cos\frac{\pi}{2n+1}+\cos\frac{3\pi}{2n+1}+\cos\frac{5\pi}{2n+1}+\cdots+\cos\frac{2n-1}{2n+1}\pi$$

$$=\cos\frac{\pi}{2n+1}+\cos\left(\frac{\pi}{2n+1}+\frac{2\pi}{2n+1}\right)+\cos\left(\frac{\pi}{2n+1}+2\cdot\frac{2\pi}{2n+1}\right)+\cdots+\cos\left(\frac{\pi}{2n+1}+(n-1)\frac{2\pi}{2n+1}\right)$$

$$=\frac{\cos\left(\frac{\pi}{2n+1}+\frac{n-1}{2}\cdot\frac{2\pi}{2n+1}\right)\sin\frac{n}{2}\cdot\frac{2\pi}{2n+1}}{\sin\frac{\pi}{2n+1}}$$

$$= \frac{\cos\frac{n\pi}{2n+1}\sin\frac{n\pi}{2n+1}}{\sin\frac{\pi}{2n+1}}$$

$$= \frac{1}{2}\cdot\frac{\sin\frac{2n\pi}{2n+1}}{\sin\frac{\pi}{2n+1}}$$

$$= \frac{1}{2}\cdot\frac{\sin\left(\pi-\frac{\pi}{2n+1}\right)}{\sin\frac{\pi}{2n+1}}$$

$$= \frac{1}{2}$$

$$\cos\frac{2\pi}{2n+1} + \cos\frac{4\pi}{2n+1} + \cos\frac{6\pi}{2n+1} + \cdots + \cos\frac{2n\pi}{2n+1}$$

$$= \cos\frac{2\pi}{2n+1} + \cos\left(\frac{2\pi}{2n+1} + \frac{2\pi}{2n+1}\right) + \cos\left(\frac{2\pi}{2n+1} + 2\cdot\frac{2\pi}{2n+1}\right) + \cdots + \cos\left(\frac{2\pi}{2n+1} + (n-1)\frac{2\pi}{2n+1}\right)$$

$$= \frac{\cos\left(\frac{2\pi}{2n+1} + \frac{n-1}{2}\cdot\frac{2\pi}{2n+1}\right)\sin\frac{n}{2}\cdot\frac{2\pi}{2n+1}}{\sin\frac{\pi}{2n+1}}$$

$$= \frac{\cos\frac{n+1}{2n+1}\pi\sin\frac{n\pi}{2n+1}}{\sin\frac{\pi}{2n+1}}$$

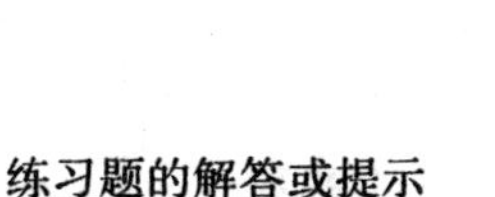

$$= \frac{\cos\left(\pi - \frac{n\pi}{2n+1}\right)\sin\frac{\pi}{2n+1}}{\sin\frac{\pi}{2n+1}}$$

$$= -\frac{\cos\frac{n\pi}{2n+1}\sin\frac{n\pi}{2n+1}}{\sin\frac{\pi}{2n+1}}$$

$$= -\frac{1}{2}\cdot\frac{\sin\frac{2n\pi}{2n+1}}{\sin\frac{\pi}{2n+1}}$$

$$= -\frac{1}{2}$$

由上述两式可知原式成立

16.

$$\frac{\sin\alpha + \sin 2\alpha + \sin 3\alpha + \cdots + \sin n\alpha}{\cos\alpha + \cos 2\alpha + \cos 3\alpha + \cdots + \cos n\alpha}$$

$$= \frac{\sin\left(\alpha + \frac{n-1}{2}\alpha\right)\sin\frac{n}{2}\alpha\sin\frac{\alpha}{2}}{\cos\left(\alpha + \frac{n-1}{2}\alpha\right)\sin\frac{n}{2}\alpha\sin\frac{\alpha}{2}}$$

$$= \frac{\sin\frac{n+1}{2}\alpha}{\cos\frac{n+1}{2}\alpha}$$

$$= \tan\frac{n+1}{2}\alpha$$

17.

$$\frac{\sin\alpha + \sin 3\alpha + \cdots + \sin(2n-1)\alpha}{\cos\alpha + \cos 3\alpha + \cdots + \cos(2n-1)\alpha}$$

$$=\frac{\sin\left(\alpha+\frac{n-1}{2}\cdot 2\alpha\right)\sin\frac{n}{2}2\alpha\cdot\sin\alpha}{\cos\left(\alpha+\frac{n-1}{2}\cdot 2\alpha\right)\cos\frac{n}{2}2\alpha\cdot\cos\alpha}$$

$$=\frac{\sin n\alpha}{\cos n\alpha}$$

$$=\tan n\alpha$$

18. 由 11 题得

$$\cos\alpha-\cos(\alpha+\beta)+\cos(\alpha+2\beta)+\cdots+(-1)^{n-1}\cos(\alpha+(n-1)\beta)$$

$$=\frac{\cos\left(\alpha+\frac{n-1}{2}(\beta+\pi)\right)\sin\frac{n}{2}(\beta+\pi)}{\cos\frac{\beta}{2}}$$

由例 3 得

$$\sin\alpha-\sin(\alpha+\beta)+\sin(\alpha+2\beta)-\sin(\alpha+3\beta)+\cdots+(-1)^{n-1}\sin(\alpha+(n-1)\beta)$$

$$=\frac{\sin\left(\alpha+\frac{n-1}{2}(\beta+\pi)\right)\sin\frac{n}{2}(\beta+\pi)}{\cos\frac{\beta}{2}}$$

所以有

$$(\sin\alpha-\sin(\alpha+\beta)+\sin(\alpha+2\beta)-\cdots+(-1)^{n-1}\sin(\alpha+(n-1)\beta))/$$
$$(\cos\alpha-\cos(\alpha+\beta)+\cos(\alpha+2\beta)-\cdots+(-1)^{n-1}\cos(\alpha+(n-1)\beta))$$

$$=\frac{\sin\left(\alpha+\frac{n-1}{2}(\beta+\pi)\right)\sin\frac{n}{2}(\beta+\pi)\cos\frac{\beta}{2}}{\cos\left(\alpha+\frac{n-1}{2}(\beta+\pi)\right)\sin\frac{n}{2}(\beta+\pi)\cos\frac{\beta}{2}}$$

$= \tan\left(\alpha + \frac{n-1}{2}(\beta + \pi)\right)$

19.

$$\cos\alpha\sin 2\alpha + \sin 2\alpha\cos 3\alpha + \cos 3\alpha\sin 4\alpha + \sin 4\alpha\cos 5\alpha + \cdots + \cos(2n-1)\alpha\sin 2n\alpha + \sin 2n\alpha\cos(2n+1)\alpha$$

$$= \cos\alpha\sin 2\alpha + \cos 3\alpha\sin 4\alpha + \cdots + \cos(2n-1)\alpha\sin 2n\alpha + \sin 2\alpha\cos 3\alpha + \sin 4\alpha\cos 5\alpha + \cdots + \sin 2n\alpha\cos(2n+1)\alpha$$

但

$$\cos\alpha\sin 2\alpha = \frac{1}{2}(\sin 3\alpha + \sin\alpha)$$

$$\cos 3\alpha\sin 4\alpha = \frac{1}{2}(\sin 7\alpha + \sin\alpha)$$

$$\cos 5\alpha\sin 6\alpha = \frac{1}{2}(\sin 11\alpha + \sin\alpha)$$

$$\vdots$$

$$\cos(2n-1)\alpha\sin 2n\alpha = \frac{1}{2}(\sin(4n-1)\alpha + \sin\alpha)$$

将以上 n 式相加,得

$$\cos\alpha\sin 2\alpha + \cos 3\alpha\sin 4\alpha + \cos 5\alpha\sin 6\alpha + \cdots + \cos(2n-1)\alpha\sin 2n\alpha$$

$$= \frac{1}{2}(n\sin\alpha + \sin 3\alpha + \sin 7\alpha + \sin 11\alpha + \cdots + \sin(4n-1)\alpha) \quad (1)$$

又

$$\sin 2\alpha\cos 3\alpha = \frac{1}{2}(\sin 5\alpha - \sin\alpha)$$

$$\sin 4\alpha\cos 5\alpha = \frac{1}{2}(\sin 9\alpha - \sin\alpha)$$

$$\sin 6\alpha\cos 7\alpha = \frac{1}{2}(\sin 13\alpha - \sin\alpha)$$

$$\vdots$$

$$\sin 2n\alpha\cos(2n+1)\alpha = \frac{1}{2}(\sin(4n+1)\alpha - \sin\alpha)$$

将以上 n 式相加,得

$$\begin{aligned}&\sin 2\alpha\cos 3\alpha + \sin 4\alpha\cos 5\alpha + \sin 6\alpha\cos 7\alpha + \cdots + \\ &\sin 2n\alpha\cos(2n+1)\alpha \\ =& \frac{1}{2}(-n\sin\alpha + \sin 5\alpha + \sin 9\alpha + \sin 13\alpha + \cdots + \\ &\sin(4n+1)\alpha) \qquad (2)\end{aligned}$$

将式(1) + (2),得

$$\begin{aligned}&\cos\alpha\sin 2\alpha + \sin 2\alpha\cos 3\alpha + \cos 3\alpha\sin 4\alpha + \cdots + \\ &\sin 4\alpha\cos 5\alpha + \cdots + \cos(2n-1)\alpha\sin 2n\alpha + \\ &\sin 2n\alpha\cos(2n+1)\alpha \\ =& \frac{1}{2}(\sin 3\alpha + \sin 5\alpha + \sin 7\alpha + \sin 9\alpha + \cdots + \\ &\sin(4n+1)\alpha) \\ =& \frac{1}{2}\cdot\frac{\sin\left(3\alpha + \frac{2n-1}{2}\cdot 2\alpha\right)\sin\frac{2n}{2}\cdot 2\alpha}{\sin\alpha} \\ =& \frac{1}{2}\cdot\frac{\sin 2(n+1)\alpha\sin 2n\alpha}{\sin\alpha}\end{aligned}$$

20.

$$\cos\alpha\cos\beta = \frac{1}{2}(\cos(\alpha+\beta) + \cos(\alpha-\beta))$$

$$\cos 3\alpha\cos 2\beta = \frac{1}{2}(\cos(3\alpha+2\beta) + \cos(3\alpha-2\beta))$$

$$\cos 5\alpha\cos 3\beta = \frac{1}{2}(\cos(5\alpha+3\beta)+\cos(5\alpha-3\beta))$$

$$\vdots$$

$$\cos(2n-1)\alpha\cos n\beta = \frac{1}{2}(\cos((2n-1)\alpha+n\beta)+\cos((2n-1)\alpha-n\beta))$$

将以上 n 式相加,得

$$\begin{aligned}
&\cos\alpha\cos\beta+\cos 3\alpha\cos 2\beta+\cos 5\alpha\cos 3\beta+\cdots+\cos(2n-1)\alpha\cos n\beta\\
&=\frac{1}{2}(\cos(\alpha+\beta)+\cos(3\alpha+2\beta)+\cos(5\alpha+3\beta)+\cdots+\cos((2n-1)\alpha+n\beta))+\frac{1}{2}(\cos(\alpha-\beta)+\cos(3\alpha+2\beta)+\cos(5\alpha-3\beta)+\cdots+\cos((2n-1)\alpha-n\beta))\\
&=\frac{1}{2}(\cos(\alpha+\beta)+\cos((\alpha+\beta)+(2\alpha+\beta))+\cos((\alpha+\beta)+2(2\alpha+\beta))+\cdots+\cos((\alpha+\beta)+(n-1)(2\alpha+\beta)))+\frac{1}{2}(\cos(\alpha-\beta)+\cos((\alpha-\beta)+(2\alpha-\beta))+\cos((\alpha-\beta)+2(2\alpha-\beta))+\cdots+\cos((\alpha-\beta)+(n-1)(2\alpha-\beta)))\\
&=\frac{1}{2}\cdot\frac{\cos\left((\alpha+\beta)+\frac{n-1}{2}(2\alpha+\beta)\right)\sin\frac{n(2\alpha+\beta)}{2}}{\sin\frac{2\alpha+\beta}{2}}+\frac{1}{2}\cdot\frac{\cos\left((\alpha-\beta)+\frac{n-1}{2}(2\alpha-\beta)\right)\sin\frac{n(2\alpha-\beta)}{2}}{\sin\frac{2\alpha-\beta}{2}}
\end{aligned}$$

$$= \frac{\cos\frac{2n\alpha+(n+1)\beta}{2}\sin\frac{n(2\alpha+\beta)}{2}\sin\frac{2\alpha-\beta}{2}}{2\sin\frac{2\alpha+\beta}{2}\sin\frac{2\alpha-\beta}{2}}+$$

$$\frac{\cos\frac{2n\alpha-(n+1)\beta}{2}\sin\frac{n(2\alpha-\beta)}{2}\sin\frac{2\alpha+\beta}{2}}{2\sin\frac{2\alpha+\beta}{2}\sin\frac{2\alpha-\beta}{2}}$$

$$= \frac{\cos\left(n\alpha+\frac{n+1}{2}\beta\right)\sin\frac{n}{2}(2\alpha+\beta)\sin\frac{2\alpha-\beta}{2}}{\cos\beta-\cos 2\alpha}+$$

$$\frac{\cos\left(n\alpha-\frac{n-1}{2}\beta\right)\sin\frac{n}{2}(2\alpha-\beta)\sin\frac{2\alpha+\beta}{2}}{\cos\beta-\cos 2\alpha}$$

21.

$$\sin\alpha\cdot\sin(\alpha+\beta)-\sin(\alpha+\beta)\cdot\sin(\alpha+2\beta)+\sin(\alpha+2\beta)\cdot\sin(\alpha+3\beta)-\sin(\alpha+3\beta)\cdot\sin(\alpha+4\beta)+\cdots+\sin(\alpha+(2n-2)\beta)\cdot\sin(\alpha+(2n-1)\beta)-\sin(\alpha+(2n-1)\beta)\cdot\sin(\alpha+2n\beta)$$

$$=\sin\alpha\sin(\alpha+\beta)+\sin(\alpha+2\beta)\sin(\alpha+3\beta)+\cdots+\sin(\alpha+(2n-2)\beta)\sin(\alpha+(2n-1)\beta)-\sin(\alpha+\beta)\sin(\alpha+2\beta)-\sin(\alpha+3\beta)\cdot\sin(\alpha+4\beta)-\cdots-\sin(\alpha+(2n-1)\beta)\sin(\alpha+2n\beta)$$

但

$$\sin\alpha\sin(\alpha+\beta)=\frac{1}{2}(\cos\beta-\cos(2\alpha+5\beta))$$

$$\sin(\alpha+2\beta)\sin(\alpha+3\beta)$$
$$=\frac{1}{2}(\cos\beta-\cos(2\alpha+5\beta))$$
$$\sin(\alpha+4\beta)\sin(\alpha+5\beta)$$
$$=\frac{1}{2}(\cos\beta-\cos(2\alpha+9\beta))$$
$$\vdots$$
$$\sin(\alpha+(2n-2)\beta)\sin(\alpha+(2n-1)\beta)$$
$$=\frac{1}{2}(\cos\beta-\cos(2\alpha+(4n-3)\beta))$$

将以上 n 式相加,得

$$\sin\alpha\sin(\alpha+\beta)+\sin(\alpha+2\beta)\sin(\alpha+3\beta)+\cdots+\sin(\alpha+(2n-2)\beta)+\sin(\alpha+(2n-1)\beta)$$
$$=\frac{1}{2}(n\cos\beta-\cos(2\alpha+\beta)-\cos(2\alpha+5\beta)-\cos(2\alpha+9\beta)-\cdots-\cos(2\alpha+(4n-3)\beta))$$
$$=\frac{1}{2}\left(n\cos\beta-\frac{\cos\left((2\alpha+\beta)+\frac{n-1}{2}\cdot 4\beta\right)\sin 2n\beta}{\sin 2\beta}\right)$$
$$=\frac{1}{2}\left(n\cos\beta-\frac{\cos(2\alpha+(2n-1)\beta)\sin 2n\beta}{\sin 2\beta}\right)\quad ①$$

又

$$-\sin(\alpha+\beta)\sin(\alpha+2\beta)$$
$$=\frac{1}{2}(\cos(2\alpha+3\beta)-\cos\beta)$$

$$-\sin(\alpha+3\beta)\sin(\alpha+4\beta)$$
$$=\frac{1}{2}(\cos(2\alpha+7\beta)-\cos\beta)$$
$$-\sin(\alpha+5\beta)\sin(\alpha+6\beta)$$
$$=\frac{1}{2}(\cos(2\alpha+11\beta)-\cos\beta)$$
$$\vdots$$
$$-\sin(\alpha+(2n-1)\beta)\sin(\alpha+2n\beta)$$
$$=\frac{1}{2}(\cos(2\alpha+(4n-1)\beta)-\cos\beta)$$

将以上 n 式相加,得

$$-\sin(\alpha+\beta)\sin(\alpha+2\beta)-\sin(\alpha+3\beta)\sin(\alpha+4\beta)-\cdots-\sin(\alpha+(2n-1)\beta)\sin(\alpha+2n\beta)$$
$$=\frac{1}{2}(\cos(2\alpha+3\beta)+\cos(2\alpha+7\beta)+\cos(2\alpha+11\beta)+\cdots+\cos(2\alpha+(4n-1)\beta)-n\cos\beta)$$
$$=\frac{1}{2}\left(\frac{\cos\left((2\alpha+3\beta)+\frac{n-1}{2}\cdot4\beta\right)\sin2n\beta}{\sin2\beta}-n\cos\beta\right)$$
$$=\frac{1}{2}\left(\frac{\cos(2\alpha+(2n+1)\beta)\sin2n\beta}{\sin2\beta}-n\cos\beta\right) \qquad ②$$

将式①+②得

$$\sin\alpha\sin(\alpha+\beta)-\sin(\alpha+\beta)\sin(\alpha+2\beta)+\sin(\alpha+2\beta)\sin(\alpha+3\beta)+\cdots+\sin(\alpha+(2n-1)\beta)\sin(\alpha+2n\beta)$$
$$=\frac{1}{2}\cdot\left(\frac{\sin2n\beta\cos(2\alpha+(2n+1)\beta)}{\sin2\beta}-\frac{\sin2n\beta\cos(2\alpha+(2n-1)\beta))}{\sin2\beta}\right)$$

$$= \frac{1}{2} \cdot \frac{\sin 2n\beta(-2\sin(2\alpha + 2n\beta)\sin\beta)}{\sin 2\beta}$$

$$= -\frac{1}{2} \cdot \frac{\sin(2\alpha + 2n\beta)\sin 2n\beta}{\cos\beta}$$

22.

$$\sin 22.5° = \sin\frac{\pi}{8}$$

$$\sin 67.5° = \sin\frac{3\pi}{8}$$

$$\sin 112.5° = \sin\frac{5\pi}{8}$$

$$\sin 157.5° = \sin\frac{7\pi}{8}$$

$$\sin^4 22.5° + \sin^4 67.5° + \sin^4 112.5° + \sin^4 157.5°$$

$$= \sin^4\frac{\pi}{8} + \sin^4\frac{3\pi}{8} + \sin^4\frac{5\pi}{8} + \sin^4\frac{7\pi}{8}$$

$$= (\sin^2\frac{\pi}{8})^2 + (\sin^2\frac{3\pi}{8})^2 +$$

$$(\sin^2\frac{5\pi}{8})^2 + (\sin^2\frac{7\pi}{8})^2$$

$$= (1 - \cos^2\frac{\pi}{8})^2 + (1 - \cos^2\frac{3\pi}{8})^2 +$$

$$(1 - \cos^2\frac{5\pi}{8})^2 + (1 - \cos^2\frac{7\pi}{8})^2$$

$$= \frac{1}{4}((1 - \cos\frac{\pi}{4})^2 + (1 - \cos\frac{3\pi}{4})^2 +$$

$$(1 - \cos\frac{5\pi}{4})^2 + (1 - \cos\frac{7\pi}{4})^2)$$

$$= \frac{1}{4}(\frac{3 - 2\sqrt{2}}{2} + \frac{3 + 2\sqrt{2}}{2} + \frac{3 - 2\sqrt{2}}{2} + \frac{3 + 2\sqrt{2}}{2})$$

$$= \frac{1}{4} \times 6$$

$$= \frac{3}{2}$$

23.

$$2\sin^2 2\theta = 1 - \cos 2\theta$$

$$2\sin^2 2\theta = 1 - \cos 4\theta$$

$$2\sin^2 3\theta = 1 - \cos 6\theta$$

$$\vdots$$

$$2\sin^2 n\theta = 1 - \cos 2n\theta$$

将以上 n 式相加得

$$2(\sin^2 \theta + \sin^2 2\theta + \sin^2 3\theta + \cdots + \sin^2 n\theta)$$

$$= n - (\cos 2\theta + \cos 4\theta + \cos 6\theta + \cdots + \cos 2n\theta)$$

$$= n - \frac{\cos\left(2\theta + \frac{n-1}{2} \cdot 2\theta\right)\sin \frac{n}{2} \cdot 2\theta}{\sin \theta}$$

$$= \frac{n\sin \theta - \cos (n+1)\theta\sin \theta}{\sin \theta}$$

$$= \frac{2n\sin \theta - \sin (2n+1)\theta + \sin \theta}{2\sin \theta}$$

$$= \frac{(2n+1)\sin \theta - \sin (2n+1)\theta}{2\sin \theta}.$$

所以有

$$\sin^2 \theta + \sin^2 2\theta + \sin^2 3\theta + \cdots + \sin^2 n\theta$$

$$= \frac{(2n+1)\sin \theta - \sin (2n+1)\theta}{4\sin \theta}$$

24. 由三倍角公式可得

$$\sin 3k\theta = 3\sin k\theta - 4\sin k^3\theta$$

所以有

$$4\sin^3 k\theta = 3\sin k\theta - \sin 3k\theta$$

令 $k = 1,2,3,\cdots,n$,依次代入此式得

$$4\sin^3 \theta = 3\sin \theta - \sin 3\theta$$

$$4\sin^3 2\theta = 3\sin 2\theta - \sin 6\theta$$

$$4\sin^3 3\theta = 3\sin 3\theta - \sin 9\theta$$

$$4\sin^3 4\theta = 3\sin 4\theta - \sin 12\theta$$

$$\vdots$$

$$4\sin^3 n\theta = 3\sin n\theta - \sin 3n\theta$$

将以上 n 式相加得

$$\begin{aligned}&4(\sin^3 \theta + \sin^3 2\theta + \sin^3 3\theta + \sin^3 4\theta + \cdots + \\ &\sin^3 n\theta)\\ &= 3(\sin \theta + \sin 2\theta + \sin 3\theta + \cdots + \sin n\theta) - \\ &\sin 3\theta + \sin 6\theta + \sin 9\theta + \cdots + \sin 3n\theta)\\ &= 3\frac{\sin \frac{n+1}{2}\theta \sin \frac{n\theta}{2}}{\sin \frac{1}{2}\theta} - \frac{\sin \frac{n+1}{2}3\theta \sin \frac{3n\theta}{2}}{\sin \frac{3\theta}{2}}\end{aligned}$$

所以有

$$\begin{aligned}&\sin^3 \theta + \sin^3 2\theta + \sin^3 3\theta + \cdots + \sin^3 n\theta\\ &= \frac{3}{4}\cdot\frac{\sin \frac{n+1}{2}\theta \sin \frac{n\theta}{2}}{\sin \frac{1}{2}\theta} - \frac{1}{4}\cdot\frac{\sin \frac{n+1}{2}3\theta \sin \frac{3n\theta}{2}}{\sin \frac{3\theta}{2}}\end{aligned}$$

25. 因为

$$\cos 2\theta = 2\cos^2 \theta - 1$$

所以

$$2\cos^2 \theta = 1 + \cos 2\theta$$

$$4\cos^4 \theta = 1 + 2\cos 2\theta + \cos^2 2\theta$$

$$8\cos^4\theta=3+4\cos 2\theta+\cos 4\theta$$

同理可得

$$8\cos^4 2\theta=3+4\cos 4\theta+\cos 8\theta$$

$$8\cos^4 3\theta=3+4\cos 6\theta+\cos 12\theta$$

$$\vdots$$

$$8\cos^4 n\theta=3+4\cos 2n\theta+\cos 4n\theta$$

将以上 n 式相加得

$$\begin{aligned}&8(\cos^4\theta+\cos^4 2\theta+\cos^4 3\theta+\cdots+\cos^4 n\theta)\\&=3n+4(\cos 2\theta+\cos 4\theta+\cos 6\theta+\cdots+\cos 2n\theta)+\\&\quad\cos 4\theta+\cos 8\theta+\cos 12\theta+\cdots+\cos 4n\theta\\&=3n+\frac{4\cos(n+1)\theta\sin n\theta}{\sin\theta}+\frac{\cos 2(n+1)\theta\sin 2n\theta}{\sin 2\theta}\end{aligned}$$

所以有

$$\begin{aligned}&\cos^4\theta+\cos^4 2\theta+\cos^4 3\theta+\cdots+\cos^4 n\theta\\&=\frac{1}{8}(3n+4\cos(n+1)\theta\sin\theta\csc\theta+\cos 2(n+\\&\quad 1)\theta\sin 2n\theta\csc 2\theta)\end{aligned}$$

26. 因为

$$\cos 2\alpha=2\cos^2\alpha-1$$

所以

$$\cos^2\alpha=\frac{1}{2}+\frac{1}{2}\cos 2\alpha$$

所以

$$\begin{aligned}\cos^2\frac{\pi}{8}&=\frac{1}{2}+\frac{1}{2}\cos\frac{\pi}{4}\\&=\frac{1}{2}+\frac{\sqrt{2}}{4}\end{aligned}$$

$$\cos^2\frac{3\pi}{8}=\frac{1}{2}+\frac{1}{2}\cos\frac{3\pi}{4}$$

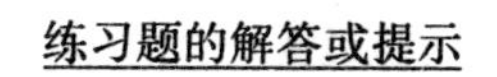

$$= \frac{1}{2} - \frac{\sqrt{2}}{4}$$

$$\cos^2\frac{5\pi}{8} = \frac{1}{2} + \frac{1}{2}\cos\frac{5\pi}{4}$$

$$= \frac{1}{2} - \frac{\sqrt{2}}{4}$$

$$\cos^2\frac{7\pi}{8} = \frac{1}{2} + \frac{1}{2}\cos\frac{7\pi}{4}$$

$$= \frac{1}{2} + \frac{\sqrt{2}}{4}$$

所以有

$$\cos^2\frac{\pi}{8} + \cos^2\frac{3\pi}{8} + \cos^2\frac{5\pi}{8} + \cos^2\frac{7\pi}{8} = 2$$

27.

$$\begin{aligned}
\sin^4 2^{k-1}\alpha &= (\sin^2 2^{k-1}\alpha)^2 \\
&= \frac{1}{4}(2\sin^2 2^{k-1}\alpha)^2 \\
&= \frac{1}{4}(1 - \cos 2^k\alpha)^2 \\
&= \frac{1}{4}(1 - 2\cos 2^k\alpha + \cos^2 2^k\alpha) \\
&= \frac{1}{4}(2 - 2\cos 2^k\alpha - \sin^2 2^k\alpha) \\
&= \frac{1}{4}(4\sin^2 2^{k-1}\alpha - \sin^2 2^k\alpha) \\
&= \sin^2 2^{k-1}\alpha - \frac{1}{4}\sin^2 2^k\alpha
\end{aligned}$$

所以

$$\frac{1}{4^{k-1}}\sin^4 2^{k-1}\alpha = \frac{1}{4^{k-1}}\sin^2 2^{k-1}\alpha - \frac{1}{4^k}\sin^2 2^{k-1}\alpha$$

令 $k=1,2,3,\cdots,n$,代入此式得

$$\sin^4\alpha=\sin^2\alpha-\frac{1}{4}\sin^2 2\alpha$$

$$\frac{1}{4}\sin^4 2\alpha=\frac{1}{4}\sin^2 2\alpha-\frac{1}{16}\sin^2 4\alpha$$

$$\frac{1}{16}\sin^4 4\alpha=\frac{1}{16}\sin^2 4\alpha-\frac{1}{4^3}\sin^2 2^3\alpha$$

$$\vdots$$

$$\frac{1}{4^{n-1}}\sin^4 2^{n-1}\alpha=\frac{1}{4^{n-1}}\sin^2 2^{n-1}\alpha-\frac{1}{4^n}\sin^2 2^n\alpha$$

将以上 n 式相加得

$$\sin^4\alpha+\frac{1}{4}\sin^4 2\alpha+\frac{1}{16}\sin^4 4\alpha+\cdots+\frac{1}{4^{n-1}}\sin^4 2^{n-1}\alpha=\sin^2\alpha-\frac{1}{4^n}\sin^2 2^n\alpha$$

28. 因为

$$\cos^2\frac{\pi}{4}=\cos^2\frac{3\pi}{4}=\cos^2\frac{5\pi}{4}=\cdots=\cos^2\frac{2n-1}{4}\pi=\frac{1}{2}$$

所以

$$\cos^2\frac{\pi}{4}+\cos^2\frac{3\pi}{4}+\cos^2\frac{5\pi}{4}+\cdots+\cos^2\frac{2n-1}{4}\pi=\frac{n}{2}$$

29. 如图 8 所示.

由已知:$A_1,A_2,A_3\cdots,A_{m+1},\cdots,A_{2n-1},A_{2n}$ 将 $\odot O$ 分成 $2n$ 份,那么 $\overset{\frown}{A_1A_2}=\overset{\frown}{A_2A_3}=\cdots=\overset{\frown}{A_{m+1}A_{m+2}}=\cdots=\overset{\frown}{A_{2n-1}A_{2n}}=\frac{\pi}{n}$,所以

$$\angle A_{m+1}A'_1A_1=\frac{1}{2}\overset{\frown}{A_1A_{m+1}}=m\frac{\pi}{2n}$$

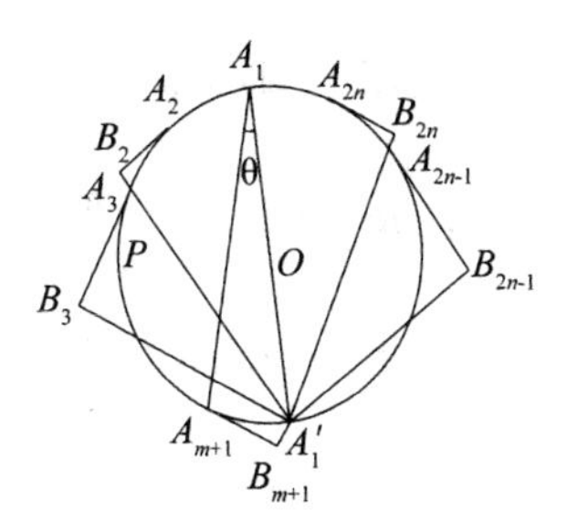

图 8

因为 A'_1A_1 为 $\odot O$ 的直径,所以

$$\angle A_1A_{m+1}A'_1 = \frac{\pi}{2}$$

$$\angle A_{m+1}A_1A'_1 = \frac{\pi}{2} - m\frac{\pi}{2n}$$

所以

$$\begin{aligned} A'_1A_{m+1} &= A'_1A_1\cos \angle A_{m+1}A'_1A_1 \\ &= 2r\cos\frac{m\pi}{2n} \end{aligned}$$

因为 A'_1B_{m+1} 为过 A'_1 作过 A_{m+1} 点的切线的垂线长.

所以

$$\begin{aligned} A'_1B_{m+1} &= A'_1A_{m+1}\sin \angle A_{m+1}A_1A'_1 \\ &= 2r\cos\frac{m\pi}{2n}\sin\left(\frac{\pi}{2} - \frac{m\pi}{2n}\right) \\ &= 2r\cos^2\frac{m\pi}{2n} \end{aligned}$$

所以 $A'_1B^2_{m+1} = 4r^2\cos^4\frac{m\pi}{2n}$.

令 $m = 0,1,2,3,4,\cdots,2n-1$ 依次代入此式

$$A'_1A^2_1 = 4r^2$$

$$A'_1B_2^2 = 4r^2\cos^4\frac{\pi}{2n}$$

$$A'_1B_3^2 = 4r^2\cos^4\frac{2\pi}{2n}$$

$$A'_1B_4^2 = 4r^2\cos^4\frac{3\pi}{2n}$$

$$\vdots$$

$$A'_1B_{2n}^2 = 4r^2\cos^4\frac{(2n-1)\pi}{2n}$$

将以上 $2n$ 式相加得

$$A'_1A_1^2 + A'_1B_2^2 + A'_1B_3^2 + \cdots + A'_1B_{m+1}^2 + \cdots + A'_1B_{2n}^2$$

$$= 4r^2\left(1 + \cos^4\frac{\pi}{2n} + \cos^4\frac{2\pi}{2n} + \cos^4\frac{3\pi}{2n} + \cdots + \cos^4\frac{2n-1}{2n}\pi\right)$$

$$\cos^4\frac{k\pi}{2n} = \left(\cos^2\frac{k\pi}{2n}\right)^2$$

$$= \left(\frac{1+\cos 2\cdot\frac{k\pi}{2n}}{2}\right)^2$$

$$= \frac{1}{4}\left(1 + 2\cos 2\cdot\frac{k\pi}{2n} + \cos^2 2\cdot\frac{k\pi}{2n}\right)$$

$$= \frac{1}{4}\left(1 + 2\cos 2\cdot\frac{k\pi}{2n} + \frac{1+\cos 4\cdot\frac{k\pi}{2n}}{2}\right)$$

$$= \frac{1}{8}\left(3 + 4\cos 2\cdot\frac{k\pi}{2n} + \cos 4\frac{k\pi}{2n}\right)$$

$$= \frac{3}{8} + \frac{1}{2}\cos\frac{k\pi}{n} + \frac{1}{8}\cos 2\cdot\frac{k\pi}{n}$$

令 $k = 0,1,2,3,\cdots,2n-1$ 依次代入此式得

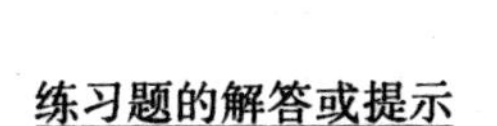

$$\cos^4 0 = \frac{3}{8} + \frac{1}{2}\cos 0 + \frac{1}{8}\cos 0$$

$$\cos^4 \frac{\pi}{2n} = \frac{3}{8} + \frac{1}{2}\cos\frac{\pi}{n} + \frac{1}{8}\cos\frac{2\pi}{n}$$

$$\cos^4 \frac{2\pi}{2n} = \frac{3}{8} + \frac{1}{2}\cos\frac{2\pi}{n} + \frac{1}{8}\cos\frac{4\pi}{n}$$

$$\cos^4 \frac{3\pi}{2n} = \frac{3}{8} + \frac{1}{2}\cos\frac{3\pi}{n} + \frac{1}{8}\cos\frac{6\pi}{n}$$

$$\vdots$$

$$\cos^4 \frac{2n-1}{2n}\pi = \frac{3}{8} + \frac{1}{2}\cos\frac{2n-1}{n}\pi + \frac{1}{8}\cos\frac{2(2n-1)\pi}{n}$$

以上 $2n$ 式相加得

$$\cos^4 0 + \cos^4\frac{\pi}{2n} + \cos^4\frac{2\pi}{2n} + \cos^4\frac{3\pi}{2n} + \cdots + \cos^4\frac{2n-1}{2n}\pi$$

$$= \frac{3}{8}\cdot 2n + \frac{1}{2}\left(\cos 0 + \cos\frac{\pi}{n} + \cos\frac{2\pi}{n} + \cos\frac{3\pi}{n} + \cdots + \cos\frac{2n-1}{n}\pi\right) + \frac{1}{8}\left(\cos 0 + \cos\frac{2\pi}{n} + \cos\frac{4\pi}{n} + \cdots + \cos^2\frac{2(2n-1)}{n}\pi\right)$$

$$= \frac{3n}{4} + \frac{1}{2}\cdot\frac{\cos\frac{2n-1}{2}\cdot\frac{\pi}{n}\sin\frac{2n}{2}\cdot\frac{\pi}{n}}{\sin\frac{\pi}{2n}} + \frac{1}{8}\cdot\frac{\cos\frac{2n-1}{2}\cdot\frac{2\pi}{n}\sin\frac{2n}{2}\cdot\frac{2\pi}{n}}{\sin\frac{\pi}{n}}$$

$$= \frac{3n}{4}$$

所以

$$A'_1A_1^2+A'_1B_2^2+A'_1B_3^2+\cdots+A'_1B_{2n}^2$$
$$=4r^2\cdot\frac{3n}{4}$$
$$=3nr^2$$

因为 n 为 $\odot O$ 的等分数,r 为 $\odot O$ 的半径,均为常数,所以 $3nr^2$ 为常数.

故本题已证.

30. 如图 9 所示,设 P 在$\overset{\frown}{A_1A_n}$ 上且 $\angle POA_1=\theta$,那么

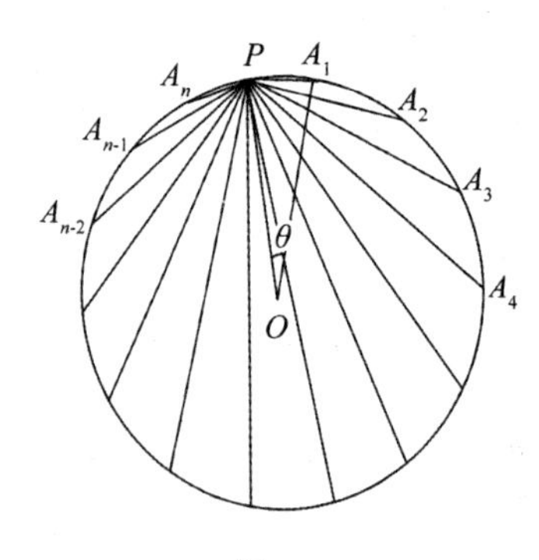

图 9

$$\angle POA_2=\theta+\frac{2\pi}{n}$$
$$\angle POA_3=\theta+\frac{2\cdot 2\pi}{n}$$
$$\angle POA_4=\theta+\frac{3\cdot 2\pi}{n}$$
$$\vdots$$
$$\angle POA_n=\theta+\frac{(n-1)\cdot 2\pi}{n}$$

因为

$$PA_1 = 2R\sin\frac{\angle POA_1}{2} = 2R\sin\frac{\theta}{2}$$

所以

$$PA_1^4 = 16R^4\sin^4\frac{\theta}{2}$$

同理有

$$PA_2^4 = 16R^4\sin^4(\frac{\theta}{2}+\frac{\pi}{n})$$

$$PA_3^4 = 16R^4\sin^4(\frac{\theta}{2}+\frac{2\pi}{n})$$

$$PA_4^4 = 16R^4\sin^4(\frac{\theta}{2}+\frac{3\pi}{n})$$

$$\vdots$$

$$PA_n^4 = 16R^4\sin^4(\frac{\theta}{2}+\frac{(n-1)\pi}{n})$$

将以上 n 式相加,得

$$PA_1^4 + PA_2^4 + PA_3^4 + PA_4^4 + \cdots + PA_n^4$$

$$= 16R^4(\sin^4\frac{\theta}{2} + \sin^4(\frac{\theta}{2}+\frac{\pi}{n}) + \sin^4(\frac{\theta}{2}+\frac{2\pi}{n}) + \cdots + \sin^4(\frac{\theta}{2}+\frac{n-1}{n}\pi))$$

$$\begin{aligned}\sin^4\alpha &= (1-\cos^2\alpha)^2\\ &= (\frac{1-\cos 2\alpha}{2})^2\\ &= \frac{1}{4}(1-2\cos 2\alpha+\cos^2 2\alpha)\\ &= \frac{3}{8}-\frac{1}{2}\cos 2\alpha+\frac{1}{8}\cos 4\alpha\end{aligned}$$

分别以$\frac{\theta}{2}$, $(\frac{\theta}{2}+\frac{\pi}{n})$, $(\frac{\theta}{2}+\frac{2\pi}{n})$, …, $(\frac{\theta}{2}+\frac{n-1}{n}\pi)$代替上式中的$\alpha$,得到

$$\sin^4\frac{\theta}{2}+\sin^4(\frac{\theta}{2}+\frac{\pi}{n})+\sin^4(\frac{\theta}{2}+\frac{2\pi}{n})+\cdots+\sin^4(\frac{\theta}{2}+\frac{n-1}{n}\pi)$$

$$=(\frac{3}{8}-\frac{1}{2}\cos\theta+\frac{1}{8}\cos 2\theta)+(\frac{3}{8}-\frac{1}{2}\cos(\theta+\frac{2\pi}{n})+\frac{1}{8}\cos(2\theta+\frac{4\pi}{n})]+(\frac{3}{8}-\frac{1}{2}\cos(\theta+\frac{4\pi}{n})+\frac{1}{8}\cos(2\theta+\frac{8\pi}{n}))+\cdots+(\frac{3}{8}-\frac{1}{2}\cos(\theta+\frac{2(n-1)}{n}\pi)+\frac{1}{8}\cos(2\theta+\frac{4(n-1)}{n}\pi))$$

$$=\frac{3n}{8}-\frac{1}{2}(\cos\theta+\cos(\theta+\frac{2\pi}{n})+\cos(\theta+\frac{4\pi}{n})+\cdots+\cos(\theta+\frac{2(n-1)}{n}\pi))+\frac{1}{8}(\cos 2\theta+\cos(2\theta+\frac{4\pi}{n})+\cos(2\theta+\frac{8\pi}{n})+\cdots+\cos(2\theta+\frac{n-1}{n}\cdot 4\pi))$$

$$=\frac{3n}{8}-\frac{1}{2}\cdot\frac{\cos(\theta+\frac{n-1}{2}\cdot\frac{2\pi}{n})\sin\frac{n}{2}\cdot\frac{2\pi}{n}}{\sin\frac{\pi}{n}}+\frac{1}{8}\cdot\frac{\cos(2\theta+\frac{n-1}{2}\cdot\frac{4\pi}{n})\sin\frac{n}{2}\cdot\frac{4\pi}{n}}{\sin\frac{2\pi}{n}}$$

$$= \frac{3n}{8} - \frac{1}{2} \cdot \frac{\cos\left(\theta + \frac{n-1}{n}\pi\right)\sin \pi}{\sin \frac{\pi}{n}} +$$

$$\frac{1}{8} \cdot \frac{\cos\left(2\theta + \frac{n-1}{n} \cdot 2\pi\right)\sin 2\pi}{\sin \frac{2\pi}{n}}$$

$$= \frac{3n}{8}$$

所以有

$$PA_1^4 + PA_2^4 + PA_3^4 + \cdots + PA_n^4$$
$$= 16R^4 \cdot \frac{3n}{8} = 6nR^4$$

由于 n 为内接正多边形的边数,这是一个常数. R 为 $\odot O$ 的半径,也是一个常数,所以 $6nR^4$ 为常数.

故本题已证.

31. 如图 10 所示:因为 $A_1, A_2, A_3, \cdots, A_n$ 为正 n 边形的 n 个顶点,所以 $\angle A_1A_nA_2 = \angle A_2A_nA_3 = \cdots = \angle A_{n-2}A_nA_{n-1} = \frac{\pi}{n}$.

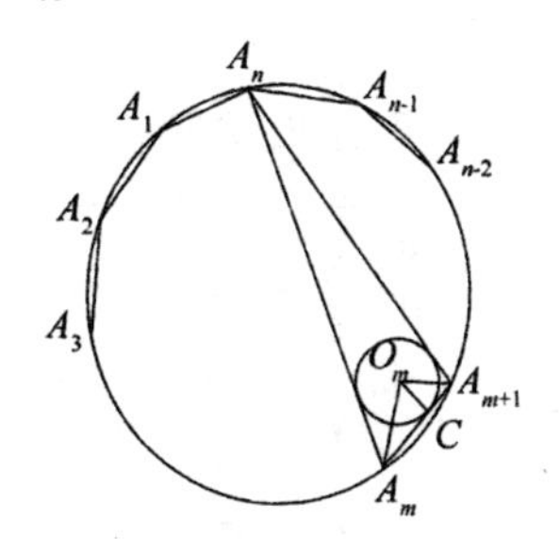

图 10

依题意, $\triangle A_nA_mA_{m+1}$ 是以 A_n 为顶点,以 A_mA_{m+1} 为

对边的三角形，那么弧$\overset{\frown}{A_nA_1A_m}$含有 m 条边，则

$$\angle A_nA_mA_{m+1}=(n-m-1)\frac{\pi}{n}=\pi-(m+1)\frac{\pi}{n}$$

设正 n 边形的边长为 c，$\triangle A_nA_mA_{m+1}$ 的内接圆半径为 r_m

$$r_m\cot\frac{1}{2}\angle A_nA_mA_{m+1}+r_m\cot\frac{1}{2}\angle A_nA_{m+1}A_m$$

$$=r_m\left(\cot\frac{\pi-(m+1)\frac{\pi}{n}}{2}+\cot\frac{m\cdot\frac{\pi}{n}}{2}\right)=c$$

根据诱导公式得

$$r_m\left(\tan\frac{m+1}{2}\cdot\frac{\pi}{n}+\cot\frac{m}{2}\cdot\frac{\pi}{n}\right)=c$$

即

$$r_m\left(\frac{\sin\frac{m+1}{2}\cdot\frac{\pi}{n}}{\cos\frac{m+1}{2}\cdot\frac{\pi}{n}}+\frac{\cos\frac{m}{2}\cdot\frac{\pi}{n}}{\sin\frac{m}{2}\cdot\frac{\pi}{n}}\right)=c$$

$$r_m\frac{\sin\frac{m+1}{2}\cdot\frac{\pi}{n}\sin\frac{m}{2}\cdot\frac{\pi}{n}+\cos\frac{m+1}{2}\cdot\frac{\pi}{n}\cos\frac{m}{2}\cdot\frac{\pi}{n}}{\cos\left(\frac{m+1}{2}\cdot\frac{\pi}{n}\right)\sin\left(\frac{m}{2}\cdot\frac{\pi}{n}\right)}=c$$

$$r_m\frac{\cos\left(\frac{m+1}{2}\cdot\frac{\pi}{n}-\frac{m}{2}\cdot\frac{\pi}{n}\right)}{\cos\frac{m+1}{2}\cdot\frac{\pi}{n}\sin\frac{m}{2}\cdot\frac{\pi}{n}}=c$$

$$r_m\cos\frac{\pi}{2n}=c\cos\frac{m+1}{2}\cdot\frac{\pi}{n}\sin\frac{m}{2}\cdot\frac{\pi}{n}$$

$$=\frac{1}{2}c\sin\frac{2m}{2}\cdot\frac{\pi}{n}-c\sin\frac{\pi}{2n}$$

由于以 A_n 为顶点，正 n 边形为对边的三角形有

$n-2$ 个.

那么令 $m=1,2,3,\cdots,n-2$，则有

$$r_1\cos\frac{\pi}{2n}=\frac{c}{2}(\sin\frac{3\pi}{2n}-\sin\frac{\pi}{2n})$$

$$r_2\cos\frac{\pi}{2n}=\frac{c}{2}(\sin\frac{5\pi}{2n}-\sin\frac{\pi}{2n})$$

$$r_3\cos\frac{\pi}{2n}=\frac{c}{2}(\sin\frac{7\pi}{2n}-\sin\frac{\pi}{2n})$$

$$\vdots$$

$$r_{n-2}\cos\frac{\pi}{2n}=\frac{c}{2}(\sin\frac{2n-3}{2n}\pi-\sin\frac{\pi}{2n})$$

将以上 $n-2$ 式相加，得

$$(r_1+r_2+r_3+\cdots+r_{n-2})\cos\frac{\pi}{2n}$$

$$=\frac{c}{2}(\sin\frac{3\pi}{2n}+\sin\frac{5\pi}{2n}+\sin\frac{7\pi}{2n}+\cdots+$$

$$\sin\frac{(2n-3)\pi}{2n}-(n-2)\sin\frac{\pi}{2n})$$

$$=\frac{c}{2}(\frac{\sin(\frac{3\pi}{2n}+\frac{n-3}{2}\cdot\frac{\pi}{n})\sin\frac{n-2}{2}\cdot\frac{\pi}{n}}{\sin\frac{\pi}{2n}}-$$

$$(n-2)\sin\frac{\pi}{2n})$$

$$=\frac{c}{2}(\frac{\sin\frac{\pi}{2}\sin(\frac{\pi}{2}-\frac{\pi}{n})}{\sin\frac{\pi}{2n}}-(n-2)\sin\frac{\pi}{2n})$$

$$=\frac{c}{2}(\frac{\cos\frac{\pi}{n}}{\sin\frac{\pi}{2n}}-(n-2)\sin\frac{\pi}{2n})$$

$$=\frac{c}{2}\left(\frac{\cos\frac{\pi}{n}+2\sin^2\frac{\pi}{2n}}{\sin\frac{\pi}{2n}}-n\sin\frac{\pi}{2n}\right)$$

$$=\frac{c}{2}\left(\frac{1-2\sin^2\frac{\pi}{2n}+2\sin^2\frac{\pi}{2n}}{\sin\frac{\pi}{2n}}-n\sin\frac{\pi}{2n}\right)$$

$$=\frac{c}{2}\left(\frac{1}{\sin\frac{\pi}{2n}}-n\sin\frac{\pi}{2n}\right)$$

$$=\frac{c}{2}\cdot\frac{1-n\sin^2\frac{\pi}{2n}}{\sin\frac{\pi}{2n}}$$

因为 c 为正多边形的边长,所以

$$c=2R\sin\frac{\pi}{n}$$

所以有

$$(r_1+r_2+r_3+\cdots+r_{n-2})\cos\frac{\pi}{2n}$$

$$=\frac{2R\sin\frac{\pi}{n}\left(1-n\sin^2\frac{\pi}{2n}\right)}{2\sin\frac{\pi}{2n}}$$

(1) 故

$$r_1+r_2+r_3+\cdots+r_{n-2}$$

$$=\frac{2R\sin\frac{\pi}{n}\left(1-n\sin^2\frac{\pi}{2n}\right)}{2\sin\frac{\pi}{2n}\cos\frac{\pi}{2n}}$$

$$= \frac{2R\sin\frac{\pi}{n}(1 - n\sin^2\frac{\pi}{2n})}{\sin\frac{\pi}{n}}$$

$$= 2R(1 - n\sin^2\frac{\pi}{2n})$$

(2) 由上面可知

$$r_m\cos\frac{\pi}{2n} = \frac{c}{2}(\sin\frac{2m+1}{2}\cdot\frac{\pi}{n} - \sin\frac{\pi}{2n})$$

所以

$$r_m = \frac{c}{2}\sec\frac{\pi}{2n}(\sin\frac{2m+1}{2}\cdot\frac{\pi}{n} - \sin\frac{\pi}{2n})$$

$$= R\sin\frac{\pi}{n}\sec\frac{\pi}{2n}(\sin\frac{2m+1}{2}\cdot\frac{\pi}{n} - \sin\frac{\pi}{2n})$$

所以

$$\pi {r_m}^2 = \pi R^2\sin\frac{\pi}{n}\sec^2\frac{\pi}{2n}(\sin\frac{2m+1}{2}\cdot\frac{\pi}{n} - \sin\frac{\pi}{2n})^2$$

$$= \pi R^2\sin^2\frac{\pi}{n}\sec^2\frac{\pi}{2n}(\sin^2\frac{2m+1}{2}\cdot\frac{\pi}{n} - 2\sin\frac{2m+1}{2}\cdot\frac{\pi}{n}\sin\frac{\pi}{2n} + \sin^2\frac{\pi}{2n})$$

$$= \pi R^2\sin^2\frac{\pi}{n}\sec^2\frac{\pi}{2n}(\frac{1}{2}(1 - \cos\frac{2m+1}{2}\cdot\pi) - 2\sin\frac{2m+1}{2}\cdot\frac{\pi}{n}\sin\frac{\pi}{2n} + \sin^2\frac{\pi}{2n})$$

$$= \frac{1}{2}\pi R^2\sin^2\frac{\pi}{n}\sec^2\frac{\pi}{2n}(1 - \cos\frac{2m+1}{2}\pi) - 4\sin\frac{2m+1}{2}\cdot\frac{\pi}{n}\sin\frac{\pi}{2n} + 2\sin^2\frac{\pi}{2n})$$

令 $m=1,2,3,\cdots,n-2$ 依次代入此式,得

$$\pi r_1^2=\frac{1}{2}\pi R^2\sin^2\frac{\pi}{n}\sec^2\frac{\pi}{2n}\left(1-\cos\frac{3\pi}{n}-4\sin\frac{3\pi}{2n}\sin\frac{\pi}{2n}+2\sin^2\frac{\pi}{2n}\right)$$

$$\pi r_2^2=\frac{1}{2}\pi R^2\sin^2\frac{\pi}{n}\sec^2\frac{\pi}{2n}\left(1-\cos\frac{5\pi}{n}-4\sin\frac{5\pi}{2n}\sin\frac{\pi}{2n}+2\sin^2\frac{\pi}{2n}\right)$$

$$\pi r_3^2=\frac{1}{2}\pi R^2\sin^2\frac{\pi}{n}\sec^2\frac{\pi}{2n}\left(1-\cos\frac{7\pi}{n}-4\sin\frac{7\pi}{2n}\sin\frac{\pi}{2n}+2\sin^2\frac{\pi}{2n}\right)$$

$$\vdots$$

$$\pi r_{n-2}^2=\frac{1}{2}\pi R^2\sin^2\frac{\pi}{n}\sec^2\frac{\pi}{2n}\left(1-\cos\frac{2n-3}{n}\pi-4\sin\frac{2n-3}{2n}\pi\sin\frac{\pi}{2n}+2\sin^2\frac{\pi}{2n}\right)$$

将以上 $n-2$ 式相加,得

$$\pi r_1^2+\pi r_2^2+\pi r_3^2+\cdots+\pi r_{n-2}^2$$

$$=\frac{1}{2}\pi R^2\sin^2\frac{\pi}{n}\sec^2\frac{\pi}{2n}\Big((n-2)-\Big(\cos\frac{3\pi}{n}+\cos\frac{5\pi}{2n}+\cdots+\cos\frac{2n-3}{n}\pi\Big)-4\sin\frac{\pi}{2n}\Big(\sin\frac{3\pi}{2n}+\sin\frac{5\pi}{2n}+\cdots+\sin\frac{2n-3}{2n}\pi\Big)+2(n-2)\sin^2\frac{\pi}{2n}\Big)$$

$$=\frac{1}{2}\pi R^2\sin^2\frac{\pi}{n}\sec^2\frac{\pi}{2n}\Big((n-2)-\frac{\cos\left(\frac{3\pi}{n}+\frac{n-3}{2}\cdot\frac{2\pi}{n}\right)\sin\frac{n-2}{2}\cdot\frac{2\pi}{n}}{\sin\frac{\pi}{n}}-$$

$$4\sin\frac{\pi}{2n}\cdot\frac{\cos\left(\frac{3\pi}{2n}+\frac{n-3}{2}\cdot\frac{\pi}{n}\right)\sin\frac{n-2}{2}\cdot\frac{\pi}{n}}{\sin\frac{\pi}{2n}}+$$

$$(2n-4)\sin^2\frac{\pi}{2n})$$

$$=\frac{1}{2}\pi R^2\sin^2\frac{\pi}{n}\sec^2\frac{\pi}{2n}((n-2)+\frac{\sin\frac{2\pi}{n}}{\sin\frac{\pi}{n}}-$$

$$4\sin\frac{\pi}{2n}\cdot\frac{\cos\frac{\pi}{n}}{\sin\frac{\pi}{2n}}+(2n-4)\sin^2\frac{\pi}{2n})$$

$$=\frac{1}{2}\pi R^2\sin^2\frac{\pi}{n}\sec^2\frac{\pi}{2n}[(n-2)+2\cos\frac{\pi}{n}-$$

$$4\cos\frac{\pi}{n}+(2n-4)\sin^2\frac{\pi}{2n})$$

$$=\frac{1}{2}\pi R^2\sin^2\frac{\pi}{n}\sec^2\frac{\pi}{2n}((n-2)(1+$$

$$2\sin\frac{\pi}{2n})-2\cos\frac{\pi}{n})$$

$$=\frac{1}{2}\pi R^2\sin^2\frac{\pi}{n}\sec^2\frac{\pi}{2n}(n+2n\sin^2\frac{\pi}{2n}-2-$$

$$4\sin^2\frac{\pi}{2n}-2\cos\frac{\pi}{n})$$

$$=\frac{1}{2}\pi R^2\sin^2\frac{\pi}{n}\sec^2\frac{\pi}{2n}(n+2n\sin^2\frac{\pi}{2n})-4+2-$$

$$4\sin^2\frac{\pi}{2n}-2\cos\frac{\pi}{n})$$

$$=\frac{1}{2}\pi R^2\sin^2\frac{\pi}{n}\sec^2\frac{\pi}{2n}((n-4)+2n\sin^2\frac{\pi}{2n}+$$

$$2\left(1-2\sin^2\frac{\pi}{2n}\right)-2\cos\frac{\pi}{n})$$

$$=\frac{1}{2}\pi R^2\sin^2\frac{\pi}{n}\sec^2\frac{\pi}{2n}((n-4)+2n\sin^2\frac{\pi}{2n}+2\cos\frac{\pi}{n}-2\cos\frac{\pi}{n})$$

$$=\frac{1}{2}\pi R^2\sin^2\frac{\pi}{n}\sec^2\frac{\pi}{2n}\left(n-4+2n\sin^2\frac{\pi}{2n}\right)$$

$$=\frac{1}{8}\pi\cdot 4R^2\sin^2\frac{\pi}{n}\sec^2\frac{\pi}{2n}\left(n-4+2n\sin^2\frac{\pi}{2n}\right)$$

$$=\frac{1}{8}\pi\cdot 4R^2\left(\frac{\sin\frac{\pi}{n}}{\cos\frac{\pi}{2n}}\right)^2\left(n-4+2n\sin^2\frac{\pi}{2n}\right)$$

$$=4\pi R^2\frac{4\sin^2\frac{\pi}{2n}\cos^2\frac{\pi}{2n}}{\cos^2\frac{\pi}{2n}}\left(\frac{n}{4}\sin^2\frac{\pi}{2n}+\frac{n-4}{8}\right)$$

$$=16\pi R^2\cdot\sin^2\frac{\pi}{2n}\cdot\left(\frac{n}{4}\sin^2\frac{\pi}{2n}+\frac{n-4}{8}\right)$$

故本题得证.

32.(1) 由原式可得

$$\frac{1+\cos 2x}{2}+\frac{1+\cos 4x}{2}+\frac{1+\cos 6x}{2}+\frac{1+\cos 8x}{2}=2$$

所以

$$\cos 2x+\cos 4x+\cos 6x+\cos 8x=0$$

由原方程可知

$$\sin x\neq 0$$

$$\frac{\cos 5x\sin 4x}{\sin x}=0$$

$$\frac{2\cos 5x\cos 2x\sin 2x}{\sin x}=0$$

$$\frac{4\cos 5x\cos 2x\cos x\sin x}{\sin x}=0$$

所以

$$\cos 5x\cos 2x\cos x=0$$

若 $\cos 5x=0$，则 $5x=n\pi+\frac{\pi}{2}$，即 $x=\frac{n\pi}{5}+\frac{\pi}{10}$；

若 $\cos 2x=0$，则 $2x=n\pi+\frac{\pi}{2}$，即 $x=\frac{n\pi}{2}+\frac{\pi}{4}$；

若 $\cos x=0$，则 $x=n\pi+\frac{\pi}{2}$.

所以原方程的解为：$x_1=\frac{n\pi}{5}+\frac{\pi}{10}$，$x_2=\frac{n\pi}{2}+\frac{\pi}{4}$ 和 $x_3=n\pi+\frac{\pi}{2}$（n 为整数）.

（2）由原方程可得

$$\cos^3 3x-\sin^3 3x=\sin^4 3x-\cos^4 3x$$

即

$$(\cos 3x-\sin 3x)(\cos^2 3x+\cos 3x\sin 3x+\sin^2 3x)=(\sin^2 3x-\cos^2 3x)(\sin^2 3x+\cos^2 3x)$$

$$(\cos 3x-\sin 3x)(\cos^2 3x+\cos 3x\sin 3x+\sin^2 3x)=(\sin 3x-\cos 3x)(\sin 3x+\cos 3x)$$

$$(\cos 3x-\sin 3x)(\sin 3x+\cos 3x+\cos 3x\sin 3x+1)=0$$

若 $\cos 3x-\sin 3x=0$，即 $\tan 3x=1$，$3x=n\pi+\frac{\pi}{4}$.

所以

$$x=\frac{n\pi}{3}+\frac{\pi}{12}$$

若

$$\sin 3x+\cos 3x+\cos 3x\sin 3x+1=0$$

则因

$$\cos 3x\sin 3x=\frac{(\sin 3x+\cos 3x)^2-1}{2}$$

故以之代入上式并化简即得

$$(\sin 3x+\cos 3x)^2+2(\sin 3x+\cos 3x)+1=0$$

即

$$\sin 3x+\cos 3x=-1$$

$$\frac{\sqrt{2}}{2}\sin 3x+\frac{\sqrt{2}}{2}\cos 3x=-\frac{\sqrt{2}}{2}$$

$$\sin\left(3x+\frac{\pi}{4}\right)=-\frac{\sqrt{2}}{2}$$

所以

$$3x+\frac{\pi}{4}=2n\pi-\frac{\pi}{4}$$

或

$$3x+\frac{\pi}{4}=(2n+1)\pi+\frac{\pi}{4}$$

即 $x=\frac{2n\pi}{3}-\frac{\pi}{6}$ 或 $x=\frac{2n\pi}{3}+\frac{\pi}{3}$.

经检验可知,原方程的解为:$x_1=\frac{n\pi}{3}+\frac{\pi}{12}$,$x_2=\frac{2n\pi}{3}-\frac{\pi}{6}$,$x_3=\frac{2n\pi}{3}+\frac{\pi}{3}$.($n$ 为整数)

33. 令 $\arctan\frac{1}{3}=\alpha$,则

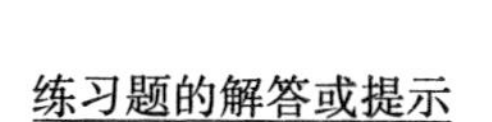

$$0 < \alpha < \frac{\pi}{4}, \tan\alpha = \frac{1}{3}$$

$\arctan\frac{1}{5} = \beta$,则

$$0 < \beta < \frac{\pi}{4}, \tan\beta = \frac{1}{5}$$

$\arctan\frac{1}{7} = \gamma$,则

$$0 < \gamma < \frac{\pi}{4}, \tan\gamma = \frac{1}{7}$$

$\arctan\frac{1}{8} = \sigma$,则

$$0 < \sigma < \frac{\pi}{4}, \tan\sigma = \frac{1}{8}$$

因为

$$\tan(\alpha+\beta) = \frac{\tan\alpha + \tan\beta}{1 - \tan\alpha\tan\beta} = \frac{\frac{1}{3}+\frac{1}{5}}{1-\frac{1}{3}\times\frac{1}{5}} = \frac{4}{7}$$

$$\tan(\gamma+\sigma) = \frac{\tan\gamma + \tan\sigma}{1 - \tan\gamma\tan\sigma} = \frac{\frac{1}{7}+\frac{1}{8}}{1-\frac{1}{7}\times\frac{1}{8}} = \frac{3}{11}$$

由于

$$\begin{aligned}
&\tan(\alpha+\beta+\gamma+\sigma) \\
&= \tan((\alpha+\beta)+(\gamma+\sigma)) \\
&= \frac{\tan(\alpha+\beta)+\tan(\gamma+\sigma)}{1-\tan(\alpha+\beta)\tan(\gamma+\sigma)} \\
&= \frac{\frac{4}{7}+\frac{3}{11}}{1-\frac{4}{7}\cdot\frac{3}{11}} = 1
\end{aligned}$$

而

$$0 < \alpha + \beta + \gamma + \sigma < \pi$$

所以

$$\alpha + \beta + \gamma + \sigma = \frac{\pi}{4}$$

即

$$\arctan\frac{1}{3} + \arctan\frac{1}{5} + \arctan\frac{1}{7} + \arctan\frac{1}{8} = \frac{\pi}{4}$$

34.

$$a_k = \frac{1}{\sin(2k-1)\theta\sin(2k+1)\theta}$$

$$= \frac{1}{\sin 2\theta}\left(\frac{\cos(2k-1)\theta}{\sin(2k-1)\theta} - \frac{\cos(2k+1)\theta}{\sin(2k+1)\theta}\right)$$

令 $k = 1,2,3,\cdots,n$,依次代入此式,得

$$a_1 = \frac{1}{\sin\theta\sin 3\theta} = \frac{1}{\sin 2\theta}\left(\frac{\cos\theta}{\sin\theta} - \frac{\cos 3\theta}{\sin 3\theta}\right)$$

$$a_2 = \frac{1}{\sin 3\theta\sin 5\theta} = \frac{1}{\sin 2\theta}\left(\frac{\cos 3\theta}{\sin 3\theta} - \frac{\cos 5\theta}{\sin 5\theta}\right)$$

$$a_3 = \frac{1}{\sin 5\theta\sin 7\theta} = \frac{1}{\sin 2\theta}\left(\frac{\cos 5\theta}{\sin 5\theta} - \frac{\cos 7\theta}{\sin 7\theta}\right)$$

$$\vdots$$

$$a_n = \frac{1}{\sin(2n-1)\theta\sin(2n+1)\theta}$$

$$= \frac{1}{\sin 2\theta}\left(\frac{\cos(2n-1)\theta}{\sin(2n-1)\theta} - \frac{\cos(2n+1)\theta}{\sin(2n+1)\theta}\right)$$

将以上 n 式相加,得

$$a_1 + a_2 + a_3 + \cdots + a_n$$

$$= \frac{1}{\sin\theta\sin 3\theta} + \frac{1}{\sin 3\theta\sin 5\theta} + \frac{1}{\sin 5\theta\sin 7\theta} + \cdots +$$

$$\frac{1}{\sin(2n-1)\theta\sin(2n+1)\theta}$$

$$=\frac{1}{\sin 2\theta}\left(\frac{\cos\theta}{\sin\theta}-\frac{\cos(2n+1)\theta}{\sin(2n+1)\theta}\right)$$

$$=\frac{1}{\sin 2\theta}(\cot\theta-\cot(2n+1)\theta)$$

35.

$$a_k=\tan\frac{\alpha}{2^k}\sec\frac{\alpha}{2^{k-1}}$$

$$=\frac{\sin\frac{\alpha}{2^k}}{\cos\frac{\alpha}{2^k}\cos\frac{\alpha}{2^{k-1}}}$$

$$=\frac{\sin\frac{\alpha}{2^{k-1}}}{\cos\frac{\alpha}{2^{k-1}}}-\frac{\sin\frac{\alpha}{2^k}}{\cos\frac{\alpha}{2^k}}$$

$$=\tan\frac{\alpha}{2^{k-1}}-\tan\frac{\alpha}{2^k}$$

令 $k=1,2,3,\cdots,n$,依次代入此式,得

$$a_1=\tan\frac{\alpha}{2}\sec\alpha=\tan\alpha-\tan\frac{\alpha}{2}$$

$$a_2=\tan\frac{\alpha}{2^2}\sec\frac{\alpha}{2}=\tan\frac{\alpha}{2}-\tan\frac{\alpha}{4}$$

$$a_3=\tan\frac{\alpha}{2^3}\sec\frac{\alpha}{4}=\tan\frac{\alpha}{4}-\tan\frac{\alpha}{8}$$

$$\vdots$$

$$a_n=\tan\frac{\alpha}{2^n}\sec\frac{\alpha}{2^{n-1}}=\tan\frac{\alpha}{2^{n-1}}-\tan\frac{\alpha}{2^n}$$

将以上 n 式相加,得

$$a_1+a_2+a_3+\cdots+a_n$$

$$=\tan\frac{\alpha}{2}\sec\alpha+\tan\frac{\alpha}{2^2}\sec\frac{\alpha}{2}+\tan\frac{\alpha}{2^3}\sec\frac{\alpha}{2^2}+\cdots+$$

$$\tan\frac{\alpha}{2^n}\sec\frac{\alpha}{2^{n-1}}$$

$$=\tan\alpha-\tan\frac{\alpha}{2^n}$$

36.

$$a_k=\frac{1}{\cos(2k-1)\alpha\cos(2k+1)\alpha}$$

$$=\frac{1}{\sin 2\alpha}\left(\frac{\sin(2n+1)\alpha}{\cos(2n+1)\alpha}-\frac{\sin(2n-1)\alpha}{\cos(2n-1)\alpha}\right)$$

$$=\frac{1}{\sin 2\alpha}(\tan(2n+1)\alpha-\tan(2n-1)\alpha)$$

令 $k=1,2,3,\cdots,n$,依次代入此式,得

$$a_1=\frac{1}{\cos\alpha\cos 3\alpha}=\frac{1}{\sin 2\alpha}(\tan 3\alpha-\tan\alpha)$$

$$a_2=\frac{1}{\cos 3\alpha\cos 5\alpha}=\frac{1}{\sin 2\alpha}(\tan 5\alpha-\tan 3\alpha)$$

$$a_3=\frac{1}{\cos 5\alpha\cos 7\alpha}=\frac{1}{\sin 2\alpha}(\tan 7\alpha-\tan 5\alpha)$$

$$\vdots$$

$$a_n=\frac{1}{\cos(2n-1)\alpha\cos(2n+1)\alpha}$$

$$=\frac{1}{\sin 2\alpha}(\tan(2n+1)\alpha-\tan(2n-1)\alpha)$$

将以上 n 式相加,得

$$\frac{1}{\cos\alpha\cos 3\alpha}+\frac{1}{\cos 3\alpha\cos 5\alpha}+\frac{1}{\cos 5\alpha\cos 7\alpha}+\cdots+$$

$$\frac{1}{\cos(2n-1)\alpha\cos(2n+1)\alpha}$$

$$= \frac{1}{\sin 2\alpha}(\tan (2n+1)\alpha - \tan \alpha)$$

37. 因为此三角级数的通项

$$a_k = \arctan \frac{x}{k(k+1)+x^2}$$

现在的问题:根据开始谈到的分项原则如何将 a_k 拆成正、负两项. 经过分析可作如下变换

$$a_k = \arctan \frac{x}{k(k+1)+x^2}$$

$$= \arctan \frac{\frac{x}{k(k+1)}}{1+\frac{x^2}{k(k+1)}}$$

$$= \arctan \frac{\frac{x}{k}-\frac{x}{k+1}}{1+\frac{x^2}{k(k+1)}}$$

因为

$$\tan (\alpha - \beta) = \frac{\tan \alpha - \tan \beta}{1+\tan \alpha \tan \beta}$$

令

$$\tan \alpha = \frac{x}{k}, \tan \beta = \frac{x}{k+1}$$

所以

$$\alpha = \arctan \frac{x}{k}, \beta = \arctan \frac{x}{k+1}$$

于是有

$$\tan (\alpha - \beta) = \frac{\tan \alpha - \tan \beta}{1+\tan \alpha \tan \beta}$$

$$= \arctan \frac{\frac{x}{k} - \frac{x}{k+1}}{1 + \frac{x^2}{k(k+1)}}$$

从而

$$a_k = \arctan \frac{1}{k(k+1) + x^2}$$

$$= \arctan \frac{x}{k} - \arctan \frac{x}{k+1}$$

令 $k = 1,2,3,\cdots,n$,依次代入此式,得

$$a_1 = \arctan \frac{x}{1 \times 2 + x^2} = \arctan x - \arctan \frac{x}{2}$$

$$a_2 = \arctan \frac{x}{2 \times 3 + x^2} = \arctan \frac{x}{2} - \arctan \frac{x}{3}$$

$$a_3 = \arctan \frac{x}{3 \times 4 + x^2} = \arctan \frac{x}{3} - \arctan \frac{x}{4}$$

$$\vdots$$

$$a_n = \arctan \frac{x}{n(n+1) + x^2} = \arctan \frac{x}{n} - \arctan \frac{x}{n+1}$$

将以上 n 式相加,得

$$a_1 + a_2 + a_3 + \cdots + a_n$$

$$= \arctan \frac{x}{1 \cdot 2 + x^2} + \arctan \frac{x}{2 \cdot 3 + x^2} +$$

$$\arctan \frac{x}{3 \cdot 4 + x^2} + \cdots + \arctan \frac{x}{n(n+1) + x^2}$$

$$= \arctan x - \arctan \frac{x}{n+1}$$

$$= \arctan x - \arctan \frac{x - \frac{x}{n+1}}{1 + \frac{x^2}{n+1}}$$

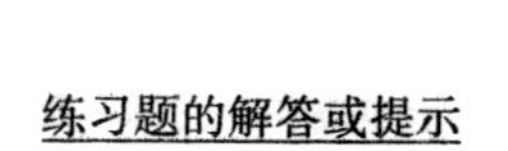

$$= \arctan \frac{nx}{n+1+x^2}$$

38. 由例41 可知

$$\arctan x + \arctan \frac{x}{1+1\cdot 2x^2} +$$

$$\arctan \frac{x}{1+2\cdot 3x^2} + \cdots + \arctan \frac{x}{1+(n-1)nx^2}$$

$$= \arctan {}^{n}x$$

令 $x = \frac{1}{21}, n = 21$,就有

$$\arctan \frac{1}{21} + \arctan \frac{\frac{1}{21}}{1+1\cdot 2\cdot (\frac{1}{21})^2} +$$

$$\arctan \frac{\frac{1}{21}}{1+2\cdot 3\cdot (\frac{1}{21})^2} + \cdots +$$

$$\arctan \frac{\frac{1}{21}}{1+20\cdot 21\cdot (\frac{1}{21})^2}$$

$$= \arctan 21\cdot \frac{1}{21}$$

$$= \arctan 1$$

$$= \frac{\pi}{4}$$

39.

$$\cot(\alpha-\beta) = \frac{1}{\tan(\alpha-\beta)} = \frac{1+\tan\alpha\tan\beta}{\tan\alpha-\tan\beta}$$

$$\operatorname{arccot}(2n+1)=\operatorname{arccot}\frac{n+n+1}{n+1-n}$$

$$=\operatorname{arccot}\frac{1+\frac{n+1}{n}\cdot 1}{\frac{n+1}{n}-1}$$

令 $\tan\alpha=\frac{n+1}{n}$,$\tan\beta=1$,所以

$$\alpha=\operatorname{arcctg}\frac{n+1}{n},\beta=\arctan 1$$

$$\cot(\alpha-\beta)=\frac{1+\frac{n+1}{n}\cdot 1}{\frac{n+1}{n}-1}$$

所以

$$\operatorname{arccot}\frac{1+\frac{n+1}{n}\cdot 1}{\frac{n+1}{n}-1}=\alpha-\beta$$

$$=\arctan\frac{n+1}{n}-\arctan 1$$

所以

$$\operatorname{arccot}(2n+1)=\arctan\frac{n+1}{n}-\arctan 1$$

令 $n=1,2,3,\cdots,n$,依次代入此式,得

$$\operatorname{arccot}3=\arctan 2-\arctan 1$$

$$\operatorname{arccot}5=\arctan\frac{3}{2}-\arctan 1$$

$$\operatorname{arccot}7=\arctan\frac{4}{3}-\arctan 1$$

$$\vdots$$

$$\operatorname{arccot}(2n+1)=\arctan\frac{n+1}{n}-\arctan 1$$

将以上 n 式相加,得

$$\operatorname{arccot}3+\operatorname{arccot}5+\operatorname{arccot}7+\cdots+\operatorname{arccot}(2n+1)$$
$$=\operatorname{arcot}2+\operatorname{arccot}\frac{3}{2}+\operatorname{arccot}\frac{4}{3}+\cdots+\operatorname{arccot}\frac{n+1}{n}-n\arctan 1$$

40.

$$a_k=\sec 2^kA=\frac{1}{\cos 2^kA}=\frac{\sin 2^kA}{\cos 2^kA}-\frac{\sin 2^{k-1}A}{\cos 2^{k-1}A}=\tan 2^kA-\tan 2^{k-1}A$$

令 $k=0,1,2,3,\cdots,n$,依次代入此式,得

$$a_0=\sec A=\tan A-\tan\frac{A}{2}$$
$$a_1=\sec 2A=\tan 2A-\tan A$$
$$a_2=\sec 4A=\tan 4A-\tan 2A$$
$$\vdots$$
$$a_n=\sec 2^nA=\tan 2^nA-\tan 2^{n-1}A$$

将以上 $n+1$ 式相加,得

$$a_0+a_1+a_2+\cdots+a_n$$
$$=\sec A+\sec 2A+\sec 4A+\cdots+\sec 2^nA$$
$$=\tan 2^nA-\tan\frac{A}{2}$$

41. 令

$$B_n=a\sin\varphi+a^2\sin 2\varphi+a^3\sin 3\varphi+\cdots+a^n\sin n\varphi$$

$$A_n + \mathrm{i}B_n = 1 + a(\cos\varphi + \mathrm{i}\sin\varphi) + a^2(\cos 2\varphi + \mathrm{i}\sin 2\varphi) + a^3(\cos 3\varphi + \mathrm{i}\sin 3\varphi) + \cdots + a^n(\cos n\varphi + \mathrm{i}\sin n\varphi)$$

$$= 1 + a(\cos\varphi + \mathrm{i}\sin\varphi) + a^2(\cos\varphi + \mathrm{i}\sin\varphi)^2 + a^3(\cos\varphi + \mathrm{i}\sin\varphi)^3 + \cdots + a^n(\cos\varphi + \mathrm{i}\sin\varphi)^n$$

令 $\beta = \cos\varphi + \mathrm{i}\sin\varphi$,则

$$A_n + \mathrm{i}B_n$$

$$= 1 + a\beta + a^2\beta^2 + a^3\beta^3 + \cdots + a^n\beta^n$$

$$= \frac{a^{n+1}\beta^{n+1} - 1}{a\beta - 1}$$

$$= \frac{(a^{n+1}\beta^{n+1} - 1)(\frac{a}{\beta} - 1)}{(a\beta - 1)(\frac{a}{\beta} - 1)}$$

$$= \frac{a^{n+2}\beta^n - \frac{a}{\beta} - a^{n+1}\beta^{n+1} + 1}{a^2 - a(\beta + \frac{1}{\beta}) + 1}$$

$$= \frac{a^{n+2}(\cos n\varphi + \mathrm{i}\sin n\varphi) - a(\cos\varphi - \mathrm{i}\sin\varphi)}{a^2 - 2a\cos\varphi + 1} - \frac{a^{n+1}(\cos(n+1)\varphi + \mathrm{i}\sin(n+1)\varphi) - 1}{a^2 - 2a\cos\varphi + 1}$$

$$= \frac{a^{n+2}\cos n\varphi - a^{n+1}\cos(n+1)\varphi - a\cos\varphi + 1}{a^2 - 2a\cos\varphi + 1} + \frac{\mathrm{i}(a^{n+2}\sin n\varphi - a^{n+1}\sin(n+1)\varphi + a\sin\varphi)}{a^2 - 2a\cos\varphi + 1}$$

比较此式右边两道的实部,得

$A_n =$

$$\frac{a^{n+2}\cos n\varphi - a^{n+1}\cos(n+1)\varphi - a\cos\varphi + 1}{a^2 - 2a\cos\varphi + 1}$$

42. (1)

$$\cos\frac{2\pi}{7} + \cos\frac{4\pi}{7} + \cos\frac{6\pi}{7}$$

$$= \frac{\cos\left(\frac{2\pi}{7} + \frac{2\pi}{7}\right)\sin\frac{3\pi}{7}}{\sin\frac{\pi}{7}}$$

$$= \frac{\cos\frac{4\pi}{7}\sin\frac{3\pi}{7}}{\sin\frac{\pi}{7}}$$

$$= -\frac{1}{2}\cdot\frac{2\sin\frac{3n}{7}\cos\frac{3\pi}{7}}{\sin\frac{\pi}{7}}$$

$$= -\frac{1}{2}\cdot\frac{\sin\frac{6\pi}{7}}{\sin\frac{\pi}{7}}$$

$$= -\frac{1}{2}$$

(2)

$$\cos\frac{2\pi}{7}\cos\frac{4\pi}{7} + \cos\frac{2\pi}{7}\cos\frac{6\pi}{7} + \cos\frac{4\pi}{7}\cos\frac{6\pi}{7}$$

$$= \cos\frac{\pi}{7}\cos\frac{3\pi}{7} + \cos\frac{\pi}{7}\cos\frac{5\pi}{7} + \cos\frac{2\pi}{7}\cos\frac{4\pi}{7}$$

$$= \frac{1}{2}(\cos\frac{4\pi}{7} + \cos\frac{2\pi}{7} + \cos\frac{6\pi}{7} + \cos\frac{4\pi}{7} +$$

$$\cos\frac{6\pi}{7}+\cos\frac{2\pi}{7})$$

$$=\cos\frac{2\pi}{7}+\cos\frac{4\pi}{7}+\cos\frac{6\pi}{7}=-\frac{1}{2}\text{(见上)}$$

(3)

$$\cos\frac{2\pi}{7}\cos\frac{4\pi}{7}\cos\frac{6\pi}{7}$$

$$=\cos\frac{\pi}{7}\cos\frac{2\pi}{7}\cos\frac{3\pi}{7}$$

$$=\frac{1}{2}\cdot\frac{2\sin\frac{\pi}{7}\cos\frac{\pi}{7}\cos\frac{2\pi}{7}\cos\frac{3\pi}{7}}{\sin\frac{\pi}{7}}$$

$$=\frac{1}{2}\cdot\frac{\sin\frac{2\pi}{7}\cos\frac{2\pi}{7}\cos\frac{3\pi}{7}\cos\frac{3\pi}{7}}{\sin\frac{\pi}{7}}$$

$$=\frac{1}{4}\cdot\frac{\sin\frac{4\pi}{7}\cos\frac{3\pi}{7}}{\sin\frac{\pi}{7}}$$

$$=\frac{1}{8}\cdot\frac{\sin\frac{6\pi}{7}}{\sin\frac{\pi}{7}}$$

$$=\frac{1}{8}$$

根据(1),(2),(3),由韦达定理可知 $\cos\frac{2\pi}{7}$, $\cos\frac{4\pi}{7}$,$\cos\frac{6\pi}{7}$ 是方程

$$8x^3+4x^3-4x-1=0$$

的三个根.

43. 因为 $\cos\alpha+\mathrm{i}\sin\alpha$ 是方程

$$x^n+P_1x^{n-1}+P_2x^{n-2}+P_3x^{n-3}+\cdots+P_n=0, P_n\neq 0$$

的解.

那么 $x=\cos\alpha+\mathrm{i}\sin\alpha$，且 $x\neq 0$.

用 x^{-n} 乘原方程

$$x^n+P_1x^{n-1}+P_2x^{n-2}+P_3x^{n-3}+\cdots+P_n=0$$

得

$$1+P_1x^{-1}+P_2x^{-2}+P_3x^{-3}+\cdots+P_nx^{-n}=0$$

即

$$1+P_1(\cos\alpha-\mathrm{i}\sin\alpha)+P_2(\cos 2\alpha-\mathrm{i}\sin 2\alpha)+\cdots+P_n(\cos\alpha-\mathrm{i}\sin\alpha)=0$$

那么有

$$1+P_1\cos\alpha+P_2\cos 2\alpha+P_3\cos 3\alpha+\cdots+P_n\cos n\alpha-\mathrm{i}(P_1\sin\alpha+P_2\sin 2\alpha+P_3\sin 3\alpha+\cdots+P_n\sin n\alpha)=0$$

根据复数的意义，有

$$P_1\sin\alpha+P_2\sin 2\alpha+P_3\sin 3\alpha+\cdots+P_n\sin n\alpha=0$$

有限项三角数列之积的几个公式及应用

附录

在三角函数的习题中，经常会遇到有限项三角数列之积的问题，例如：

1. 计算 $\cos 10^\circ \cos 30^\circ \cos 50^\circ \cos 70^\circ$ 的值.

2. 求证 $\tan \frac{\pi}{7} \tan \frac{2\pi}{7} \tan \frac{3\pi}{7} = \sqrt{7}$.

现在让我们用常用的方法——和差化积和积化和差来求解第一题. 其解法如下

$$\cos 10^\circ \cos 30^\circ \cos 50^\circ \cos 70^\circ$$

$$= \frac{\sqrt{3}}{2} \cos 10^\circ \cos 50^\circ \cos 70^\circ$$

$$= \frac{\sqrt{3}}{4} (\cos 60^\circ + \cos 40^\circ) \cos 70^\circ$$

$$=\frac{\sqrt{3}}{4}(\frac{1}{2}\cos 70^\circ+\cos 40^\circ\cos 70^\circ)$$

$$=\frac{\sqrt{3}}{4}(\frac{1}{2}\cos 70^\circ+\frac{1}{2}\cos 110^\circ+\frac{1}{2}\cos 30^\circ)$$

$$=\frac{\sqrt{3}}{8}(\cos 70^\circ-\cos 70^\circ+\frac{\sqrt{3}}{2})=\frac{3}{16}$$

如果我们像第一题那样,用和差化积与积化和差公式来求解第二题,那么必然会步入山穷水尽之地,为此必须另找它路. 由前面“复数在三角级数中的应用”所得到的启示,其解法如下:

令 $\theta=\frac{n\pi}{7}(n=1,2,\cdots,6)$. 所以

$$\tan 7\theta=\tan n\pi=0$$

那么 $\theta=\frac{n\pi}{7}$ 是方程 $\tan 7\theta=0$ 的根. 因为

$$\tan 7\theta=0$$

而

$$\tan 7\theta=\tan(4\theta+3\theta)$$
$$=\frac{\tan 4\theta+\tan 3\theta}{1-\tan 4\theta\cdot\tan 3\theta}=0$$

所以 $\tan 4\theta+\tan 3\theta=0$,即

$$\tan 4\theta=-\tan 3\theta$$

$$\frac{4\tan\theta-4\tan^3\theta}{1-6\tan^2\theta+\tan^4\theta}=-\frac{3\tan\theta-\tan^3\theta}{1-3\tan^2\theta}$$

令 $\tan\theta=x$,则有

$$\frac{4x-4x^3}{1-6x^2+x^4}=-\frac{3x-x^3}{1-3x^2}$$

整理后,得

$$x^7-21x^5+35x^3-7x=0$$

因为 $x = \tan\theta \neq 0$，所以

$$x^6 - 21x^4 + 35x^2 - 7 = 0$$

由假设可知 $\tan\frac{\pi}{7}, \tan\frac{2\pi}{7}, \tan\frac{3\pi}{7}, \tan\frac{4\pi}{7}, \tan\frac{5\pi}{7}$, $\tan\frac{6\pi}{7}$ 是此方程的根. 根据韦达定理有

$$\prod_{k=1}^{6}\tan\frac{k\pi}{7} = -7$$

但 $\tan\frac{6\pi}{7} = -\tan\frac{\pi}{7}, \tan\frac{5\pi}{7} = -\tan\frac{2\pi}{7}$, $\tan\frac{4\pi}{7} = -\tan\frac{3\pi}{7}$，所以

$$\prod_{k=1}^{6}\tan\frac{k\pi}{7} = -\prod_{k=1}^{3}\tan^2\frac{k\pi}{7} = -7$$

$$\tan^2\frac{\pi}{7}\tan^2\frac{2\pi}{7}\tan^2\frac{3\pi}{7} = 7$$

所以

$$\tan\frac{\pi}{7}\tan\frac{2\pi}{7}\tan\frac{3\pi}{7} = \pm\sqrt{7}$$

因为

$$\tan\frac{\pi}{7} > 0, \tan\frac{2\pi}{7} > 0, \tan\frac{3\pi}{7} > 0$$

故

$$\tan\frac{\pi}{7}\tan\frac{2\pi}{7}\tan\frac{3\pi}{7} = \sqrt{7}$$

从以上两题的解法我们可以看到用三角函数的和差化积或积化和差以及倍角公式来求解有限项三角数列之积异常麻烦，既费思也费解. 甚至使读者陷于瞑思苦想而不得知的境地. 为了更好地掌握这类问题的解法，特将几个解有限项三角数列之积的公式综述如下，

供读者学习时参考.

这几个公式推理简单,记忆容易,使用方便,解题迅速. 对于解有限项三角数列之积这类问题特别有效.

下面我们将逐一介绍几个常用的有限项三角数列之积的公式及其应用.

各余弦函数的各角依次为

$$a,2a,2^3a,2^4a,\cdots,2^na,a\neq k\pi,k\text{ 为整数}$$

则各余弦函数之积为

$$\prod_{k=0}^{n}\cos 2^k\alpha=\frac{\sin 2^{n+1}\alpha}{2^{n+1}\sin\alpha}\qquad(1)$$

证法 1

$$\begin{aligned}\prod_{k=0}^{n}\cos 2^k\alpha&=\frac{2^{n+1}\sin\alpha}{2^{n+1}\sin\alpha}\prod_{k=0}^{n}\cos 2^k\alpha\\&=\frac{2^{n}\sin 2\alpha}{2^{n+1}\sin\alpha}\prod_{k=1}^{n}\cos 2^k\alpha\\&=\frac{2^{n-1}\sin 2^2\alpha}{2^{n+1}\sin\alpha}\prod_{k=2}^{n}\cos 2^k\alpha\\&=\cdots=\frac{2\sin 2^{n}\alpha}{2^{n+1}\sin\alpha}\cos 2^n\alpha\\&=\frac{\sin 2^{n+1}\alpha}{2^{n+1}\sin\alpha}\end{aligned}$$

证法 2　令 $A=\prod_{k=0}^{n}\cos 2^k\alpha,B=\prod_{k=0}^{n}\sin 2^k\alpha$,故

$$\begin{aligned}AB&=\prod_{k=0}^{n}\cos 2^k\alpha\cdot\prod_{k=0}^{n}\sin 2^k\alpha\\&=\prod_{k=0}^{n}\sin 2^k\alpha\cos 2^k\alpha\\&=\frac{1}{2^{n+1}}\prod_{k=0}^{n}\sin 2^{k+1}\alpha\end{aligned}$$

$$= \frac{1}{2^{n+1}\sin\alpha}\sin 2^{n+1}\alpha\prod_{k=0}^{n}\sin 2^k\alpha$$

$$= \frac{\sin 2^{n+1}\alpha}{2^{n+1}\sin\alpha}B$$

所以

$$A = \frac{\sin 2^{n+1}\alpha}{2^{n+1}\sin\alpha}$$

故

$$\prod_{k=0}^{n}\cos 2^k\alpha = \frac{\sin 2^{n+1}\alpha}{2^{n+1}\sin\alpha}$$

例 1 不查表计算下列各式的值：

(1) 求 $\cos 20°\cos 40°\cos 80°$ 的值；

(2) 求 $\cos\frac{2\pi}{15}\cos\frac{4\pi}{15}\cos\frac{8\pi}{15}\cos\frac{14\pi}{15}$ 的值.

解 (1) 方法 1

$$\cos 20°\cos 40°\cos 80°$$

$$= \frac{1}{\cos 10°}\prod_{k=0}^{3}\cos 2^k\cdot 10°$$

$$= \frac{\cos 2^4\cdot 10°}{2^4\sin 10°\cos 10°}$$

$$= \frac{\sin 160°}{8\sin 20°}$$

$$= \frac{1}{8}$$

方法 2 令

$$A = \prod_{k=1}^{3}\cos 2^k\cdot 10°, B = \prod_{k=1}^{3}\sin 2^k\cdot 10°$$

$$A\cdot B = \prod_{k=1}^{3}\sin 2^k\cdot 10°\cdot\cos 2^k\cdot 10°$$

$$=\frac{1}{8}\prod_{k=2}^{4}\sin 2^k\cdot 10^\circ$$

$$=\frac{1}{8}\prod_{k=1}^{3}\sin 2^k\cdot 10^\circ$$

$$=\frac{1}{8}\cdot B$$

所以

$$A=\cos 20^\circ\cos 40^\circ\cos 80^\circ=\frac{1}{8}$$

方法 3

$$\begin{aligned}&\cos 20^\circ\cos 40^\circ\cos 80^\circ\\=&\frac{8\sin 20^\circ}{8\sin 20^\circ}\cos 20^\circ\cos 40^\circ\cos 80^\circ\\=&\frac{4\sin 40^\circ}{8\sin 20^\circ}\cos 40^\circ\cos 80^\circ\\=&\frac{2\sin 80^\circ}{8\sin 20^\circ}\cos 80^\circ\\=&\frac{\sin 160^\circ}{8\sin 20^\circ}\\=&\frac{1}{8}\end{aligned}$$

(2) 此题也可以像(1) 题那样用三种方法求解，但在此只用其中一种方法解之，读者可用另二种方法进行训练. 解法如下

$$\begin{aligned}&\cos\frac{2\pi}{15}\cos\frac{4\pi}{15}\cos\frac{8\pi}{15}\cos\frac{14\pi}{15}\\=&-\prod_{k=0}^{3}\cos 2^k\cdot\frac{\pi}{15}\end{aligned}$$

$$= -\frac{\sin 2^4 \cdot \frac{\pi}{15}}{2^4 \sin \frac{\pi}{15}}$$

$$= -\frac{\sin \frac{16\pi}{15}}{16\sin \frac{\pi}{15}}$$

$$= \frac{1}{16}$$

在公式(1)中,如果 $\alpha = \frac{\pi}{2^{n+1}+1}$ 时,则有

$$\prod_{k=0}^{n} \cos 2^k \cdot \frac{\pi}{2^{n+1}+1} = \frac{1}{2^{n+1}}$$

事实上

$$\sin 2^{n+1}\alpha = \sin 2^{n+1} \cdot \frac{\pi}{2^{n+1}+1}$$

$$= \sin \frac{(2^{n+1}+1)\pi - \pi}{2^{n+1}+1}$$

$$= \sin \left(\pi - \frac{\pi}{2^{n+1}+1}\right)$$

$$= \sin \frac{\pi}{2^{n+1}+1}$$

即

$$\prod_{k=0}^{n} \cos 2^k \frac{\pi}{2^{n+1}+1} = \frac{\sin 2^{n+1} \frac{\pi}{2^{n+1}+1}}{2^{n+1} \sin \frac{\pi}{2^{n+1}+1}}$$

$$= \frac{\sin \frac{\pi}{2^{n+1}+1}}{2^{n+1} \sin \frac{\pi}{2^{n+1}+1}}$$

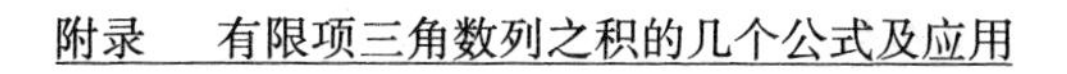

$$= \frac{1}{2^{n+1}}$$

例 2　求证：

$$\cos\frac{\pi}{33}\cos\frac{2\pi}{33}\cos\frac{4\pi}{33}\cos\frac{8\pi}{33}\cos\frac{16\pi}{33} = \frac{1}{32}$$

证明　原式左边 $= \prod_{k=0}^{4}\cos 2^k\frac{\pi}{2^5+1} = \frac{1}{32}$

和例 1 的(1) 一样，还有二种方法可以求证此题，这里就不证明了，大家可以练习一下.

例 3　求证

$$\cos\frac{\alpha}{2}\cos\frac{\alpha}{2^2}\cos\frac{\alpha}{2^3}\cdots\cos\frac{\alpha}{2^{n-1}}\cos\frac{\alpha}{2^n} = \frac{\sin\alpha}{2^n\sin\frac{\alpha}{2^n}}$$

证法 1

原式左边 $= \cos 2^0\frac{\alpha}{2^n}\cos 2^1\frac{\alpha}{2^n}\cos 2^2\frac{\alpha}{2^n}\cdots\cos 2^{n-1}\frac{\alpha}{2^n}$

$$= \frac{\sin 2^n\frac{\alpha}{2^n}}{2^n\sin\frac{\alpha}{2^n}}$$

$$= \frac{\sin\alpha}{2^n\sin\frac{\alpha}{2^n}}$$

证法 2　令 $A = \prod_{k=1}^{n}\cos\frac{\alpha}{2^k}, B = \prod_{k=1}^{n}\sin\frac{\alpha}{2^k}$，所以

$$AB = \prod_{k=1}^{n}\cos\frac{\alpha}{2^k}\prod_{k=1}^{n}\sin\frac{\alpha}{2^k}$$

$$= \prod_{k=1}^{n}\sin\frac{\alpha}{2^k}\cos\frac{\alpha}{2^k}$$

$$= \frac{1}{2^n}\prod_{k=0}^{n-1}\sin\frac{\alpha}{2^k}$$

$$= \frac{1}{2^n}\sin\alpha\prod_{k=1}^{n-1}\sin\frac{\alpha}{2^k}$$

$$= \frac{\sin\alpha}{2^n\sin\frac{\alpha}{2^n}}\prod_{k=1}^{n}\sin\frac{\alpha}{2^k}$$

$$= \frac{\sin\alpha}{2^n\sin\frac{\alpha}{2^n}}B$$

所以

$$A = \frac{\sin\alpha}{2^n\sin\frac{\alpha}{2^n}}$$

即

$$\cos\frac{\alpha}{2}\cos\frac{\alpha}{2^2}\cos\frac{\alpha}{2^3}\cdots\cos\frac{\alpha}{2^n} = \frac{\sin\alpha}{2^n\sin\frac{\alpha}{2^n}}$$

证法3　因为

$$\sin\alpha = 2\sin\frac{\alpha}{2}\cos\frac{\alpha}{2}$$

$$= 2^2\sin\frac{\alpha}{2^2}\cos\frac{\alpha}{2^2}\cos\frac{\alpha}{2}$$

$$= 2^3\sin\frac{\alpha}{2^3}\cos\frac{\alpha}{2^3}\cos\frac{\alpha}{2^2}\cos\frac{\alpha}{2}$$

$$= 2^4\sin\frac{\alpha}{2^4}\cos\frac{\alpha}{2^4}\cos\frac{\alpha}{2^3}\cos\frac{\alpha}{2^2}\cos\frac{\alpha}{2}$$

$$\vdots$$

$$= 2^n\sin\frac{\alpha}{2^n}\cos\frac{\alpha}{2^n}\cdots\cos\frac{\alpha}{2^3}\cos\frac{\alpha}{2^2}\cos\frac{\alpha}{2}$$

所以

$$\cos\frac{\alpha}{2}\cos\frac{\alpha}{2^2}\cos\frac{\alpha}{2^3}\cdots\cos\frac{\alpha}{2^n}=\frac{\sin\alpha}{2^n\sin\frac{\alpha}{2^n}}$$

各余弦函数的角依次为

$$\frac{\pi}{2n+1},\frac{2\pi}{2n+1},\frac{3\pi}{2n+1},\cdots,\frac{n\pi}{2n+1}$$

则各余弦函数之积为

$$\prod_{k=1}^{n}\cos\frac{k\pi}{2n+1}=\frac{1}{2^n} \tag{2}$$

证明　现在让我们在复数集合中求解方程

$$x^{2n+1}-1=0$$

由代数基本定理可知此方程有 $2n+1$ 个根，且只有 $2n+1$ 个根，那么这 $2n+1$ 个根又具有何种形式呢？

由复数的开方法则，$x^{2n+1}=1$ 的 $2n+1$ 个根，它们的模等于这个复数的模的 $2n+1$ 次算术根；它们的辐角分别等于这个复数的辐角与 2π 的 $0,1,2,\cdots,2n$ 倍的和的 $1/(2n+1)$. 即由于

$$x^{2n+1}=1=\cos\theta+\mathrm{i}\sin\theta$$

所以有

$$x_k=\cos\frac{2k\pi}{2n+1}+\mathrm{i}\sin\frac{2k\pi}{2n+1}$$

当 k 取 $0,1,2,3,\cdots,2n$ 时就可以得到方程 $x^{2n+1}-1=0$ 的全部根.

当 $k=0$ 时

$$x_0=\cos\theta+\mathrm{i}\sin\theta=1$$

则

$$x_0^{2n+1}-1=0$$

因此$x_0=1$为方程$x^{2n+1}-1=0$的一个根,那么方程$x^{2n+1}-1=0$还有$2n$个根.

根据实系数方程虚根成对定理,因为

$$x_k=\cos\frac{2k\pi}{2n+1}+\mathrm{i}\sin\frac{2k\pi}{2n+1}$$

是方程$x^{2n+1}-1=0$的根. 所以

$$\bar{x}_k=\cos\frac{2k\pi}{2n+1}-\mathrm{i}\sin\frac{2k\pi}{2n+1}$$

也是方程$x^{2n+1}-1=0$的根,$k=1,2,\cdots,n-1$.

由此得

$$\begin{aligned}x_k+\bar{x}_k&=\cos\frac{2k\pi}{2n+1}+\mathrm{i}\sin\frac{2k\pi}{2n+1}+\cos\frac{2k\pi}{2n+1}-\\&\quad\mathrm{i}\sin\frac{2k\pi}{2n+1}\\&=2\cos\frac{2k\pi}{2n+1}\end{aligned}$$

$$\begin{aligned}x_k\cdot\bar{x}_k&=\left(\cos\frac{2k\pi}{2n+1}+\mathrm{i}\sin\frac{2k\pi}{2n+1}\right)\cdot\\&\quad\left(\cos\frac{2k\pi}{2n+1}-\mathrm{i}\sin\frac{2k\pi}{2n+1}\right)\\&=\cos^2\frac{2k\pi}{2n+1}+\sin^2\frac{2k\pi}{2n+1}=1\end{aligned}$$

$$\begin{aligned}x^{2n+1}-1&=(x-1)\prod_{k=1}^{n}(x-x_k)(x-\bar{x}_k)\\&=(x-1)\prod_{k=1}^{n}(x^2-(x_k+\bar{x}_k)x+x_k\bar{x}_k)\\&=(x-1)\prod_{k=1}^{n}\left(x^2-2x\cos\frac{2k\pi}{2n+1}+1\right)\end{aligned}$$

假设$x\neq1$两边同除$x-1$,则得

$$\frac{x^{2n+1}-1}{x-1}=\prod_{k=1}^{n}(x^2-2x\cos\frac{2k\pi}{2n+1}+1)$$

即

$$\frac{(x-1)(x^{2n}+x^{2n-1}+x^{2n-2}+\cdots+x^2+x+1)}{x-1}$$

$$=x^{2n}+x^{2n-1}+x^{2n-2}+\cdots+x^2+x+1$$

$$=\prod_{k=1}^{n}(x^2-2x\cos\frac{2k\pi}{2n+1}+1)$$

令 $x=-1$ 代入此式,得

$$1=\prod_{k=1}^{n}(2+2\cos\frac{2k\pi}{2n+1})$$

$$=\prod_{k=1}^{n}(2(1+\cos\frac{2k\pi}{2n+1}))$$

$$=\prod_{k=1}^{n}2^2\cos^2\frac{k\pi}{2n+1}$$

两边开平方后取正值,则有

$$\prod_{k=1}^{n}2\cos\frac{k\pi}{2n+1}=1$$

所以

$$\prod_{k=1}^{n}\cos\frac{k\pi}{2n+1}=\frac{1}{2^n}$$

至此公式(2) 证毕.

我们仿照证公式(2) 的方法,还可得到

$$\prod_{k=1}^{n-1}\cos\frac{k\pi}{2n}=\frac{\sqrt{n}}{2^{n-1}} \tag{3}$$

证明过程读者可以当作练习来训练.

因为

$$\sin\frac{k\pi}{2n}=\cos(\frac{\pi}{2}-\frac{k\pi}{2n})=\cos\frac{(n-k)\pi}{2n}$$

所以

$$\prod_{k=1}^{n-1}\sin\frac{k\pi}{2n}=\prod_{k=1}^{n-1}\cos\frac{(n-k)\pi}{2n}$$

$$=\cos\frac{(n-1)\pi}{2n}\cdot\cos\frac{(n-2)\pi}{2n}\cdot$$

$$\cos\frac{(n-3)\pi}{2n}\cdot\cdots\cdot\cos\frac{2\pi}{2n}\cdot\cos\frac{\pi}{2n}$$

$$=\prod_{k=1}^{n-1}\cos\frac{k\pi}{2n}$$

$$=\frac{\sqrt{n}}{2^{n-1}}$$

所以

$$\prod_{k=1}^{n-1}\sin\frac{k\pi}{2n}=\frac{\sqrt{n}}{2^{n-1}} \tag{4}$$

例 4　不查表试计算下列各式的值：

(1) $\cos 10°\cos 30°\cos 50°\cos 70°$;

(2) $\cos\frac{\pi}{11}\cos\frac{2\pi}{11}\cos\frac{3\pi}{11}\cos\frac{4\pi}{11}\cos\frac{5\pi}{11}$.

解　(1)

$$\cos 10°\cos 30°\cos 50°\cos 70°$$

$$=\cos\frac{\pi}{18}\cos\frac{3\pi}{18}\cos\frac{5\pi}{18}\cos\frac{7\pi}{18}$$

$$=\frac{\prod_{k=1}^{8}\cos\frac{k\pi}{18}}{\cos\frac{2\pi}{18}\cos\frac{4\pi}{18}\cos\frac{6\pi}{18}\cos\frac{8\pi}{18}}$$

$$=\frac{\prod_{k=1}^{8}\cos\frac{k\pi}{18}}{\prod_{k=1}^{4}\cos\frac{k\pi}{9}}$$

$$=\frac{\frac{3}{2^8}}{\frac{1}{2^4}}=\frac{3}{2^4}=\frac{3}{16}$$

本题就是开始提出的用三角函数的和差化积和积化和差求解的一题，比较两种解法就看出用公式法求解的优越性.

(2) 原式 $=\prod_{k=1}^{5}\cos\frac{k\pi}{11}=\frac{1}{2^5}=\frac{1}{32}$.

例5　求证：$\prod_{k=1}^{2\pi}\cos\frac{k\pi}{2n+1}=(-1)^n\frac{1}{2^{2n}}$.

证明

$$\prod_{k=1}^{2n}\cos\frac{k\pi}{2n+1}$$

$$=\prod_{k=1}^{n}\cos\frac{k\pi}{2\pi+1}\prod_{k=n+1}^{2n}\cos\frac{k\pi}{2n+1}$$

$$=\frac{1}{2^n}\cos\frac{(n+1)\pi}{2n+1}\cos\frac{(n+2)\pi}{2n+1}\cdots\cos\frac{2n\pi}{2n+1}$$

因为

$$\cos\frac{(n+1)\pi}{2n+1}=\cos\frac{(2n+1)\pi-n\pi}{2n+1}$$

$$=-\cos\frac{n\pi}{2n+1}$$

$$\cos\frac{(n+2)\pi}{2n+1}=\cos\frac{(2n+1)\pi-(n-1)\pi}{2n+1}$$

$$=-\cos\frac{(n-1)\pi}{2n+1}$$

$$\cos\frac{(n+3)\pi}{2n+1}=\cos\frac{(2n+1)\pi-(n-2)\pi}{2n+1}$$

$$= -\cos\frac{(n-2)\pi}{2n+1}$$

$$\vdots$$

$$\cos\frac{(2n-1)\pi}{2n+1} = \cos\frac{(2n+1)\pi-2\pi}{2n+1}$$

$$= -\cos\frac{2\pi}{2n+1}$$

$$\cos\frac{2n\pi}{2n+1} = \cos\frac{(2n+1)\pi-\pi}{2n+1}$$

$$= -\cos\frac{\pi}{2n+1}$$

所以

$$\prod_{k=n+1}^{2n}\cos\frac{k\pi}{2n+1} = \frac{1}{2^n}(-1)^n\prod_{k=1}^{n}\cos\frac{k\pi}{2n+1}$$

$$= \frac{1}{2^n}(-1)^n\frac{1}{2^n}$$

所以

$$\prod_{k=1}^{2n}\cos\frac{k\pi}{2n+1} = (-1)^n\frac{1}{2^{2n}}$$

利用这个结果我们可以很快地计算一些三角函数之积.

例如

$$\prod_{k=1}^{8}\cos\frac{k\pi}{9} = (-1)^4\cdot\frac{1}{2^8} = \frac{1}{2^8}$$

$$\prod_{k=1}^{14}\cos\frac{k\pi}{15} = (-1)^7\cdot\frac{1}{2^{14}} = -\frac{1}{2^{14}}$$

各正弦函数的角依次为

$$\frac{\pi}{2n+1},\frac{2\pi}{2n+1},\frac{3\pi}{2n+1},\frac{4\pi}{2n+1},\cdots,\frac{n\pi}{2n+1}$$

则各正弦函数之积为

$$\prod_{k=1}^{n}\sin\frac{k\pi}{2n+1}=\frac{\sqrt{2n+1}}{2^{n}}$$

证明

$$\prod_{k=1}^{n}\sin\frac{k\pi}{2n+1}$$

$$=\prod_{k=1}^{n}\cos\left(\frac{\pi}{2}-\frac{k\pi}{2n+1}\right)$$

$$=\prod_{k=1}^{n}\cos\frac{(2n+1-2k)\pi}{2(2n+1)}$$

$$=\cos\frac{(2n-1)\pi}{2(2n+1)}\cdot\cos\frac{(2n-3)\pi}{2(2n+1)}\cdot\cos\frac{(2n-5)\pi}{2(2n+1)}\cdot\cdots\cdot$$

$$\cos\frac{3\pi}{2(2n+1)}\cdot\cos\frac{\pi}{2(2n+1)}$$

$$=\frac{\prod_{k=1}^{2n}\cos\frac{k\pi}{2(2n+1)}}{\cos\frac{2n\pi}{2(2n+1)}\cos\frac{2(n-1)\pi}{2(2n+1)}\cos\frac{2(n-2)\pi}{2(2n+1)}\cdots\cos\frac{2\pi}{2(2n+1)}}$$

$$=\frac{\prod_{k=1}^{2n}\cos\frac{k\pi}{2(2n+1)}}{\prod_{k=1}^{n}\cos\frac{k\pi}{2n+1}}$$

$$=\frac{\frac{\sqrt{2n+1}}{2^{2n}}}{\frac{1}{2^{n}}}$$

$$=\frac{\sqrt{2n+1}}{2^{n}}$$

例 6 求证：$\tan 6^\circ \tan 42^\circ \tan 66^\circ \tan 78^\circ = 1$.

证明

$$\begin{aligned}
&\sin 6^\circ \sin 42^\circ \sin 66^\circ \sin 78^\circ \\
&= \cos 12^\circ \cos 24^\circ \cos 48^\circ \cos 84^\circ \\
&= \cos \frac{\pi}{15} \cos \frac{2\pi}{15} \cos \frac{4\pi}{15} \cos \frac{7\pi}{15} \\
&= \frac{\prod_{k=1}^{7} \cos \frac{k\pi}{15}}{\cos \frac{3\pi}{15} \cos \frac{5\pi}{15} \cos \frac{6\pi}{15}} \\
&= \frac{\prod_{k=1}^{7} \cos \frac{k\pi}{15}}{\cos \frac{\pi}{3} \cdot \prod_{k=1}^{2} \cos \frac{k\pi}{5}} \\
&= \frac{\frac{1}{2^7}}{\frac{1}{2} \cdot \frac{1}{2^2}} = \frac{1}{16}
\end{aligned}$$

$$\begin{aligned}
&\cos 6^\circ \cos 42^\circ \cos 66^\circ \cos 78^\circ \\
&= \sin 12^\circ \sin 24^\circ \sin 48^\circ \sin 84^\circ \\
&= \sin \frac{\pi}{15} \sin \frac{2\pi}{15} \sin \frac{4\pi}{15} \sin \frac{7\pi}{15} \\
&= \frac{\prod_{k=1}^{7} \sin \frac{k\pi}{15}}{\sin \frac{3\pi}{15} \sin \frac{5\pi}{15} \sin \frac{6\pi}{15}} \\
&= \frac{\prod_{k=1}^{7} \sin \frac{k\pi}{15}}{\sin \frac{\pi}{3} \cdot \prod_{k=1}^{2} \sin \frac{k\pi}{5}}
\end{aligned}$$

$$=\frac{\frac{\sqrt{15}}{2^7}}{\frac{\sqrt{3}}{2}\cdot\frac{\sqrt{5}}{2^2}}=\frac{1}{16}$$

$$\tan 6°\tan 42°\tan 66°\tan 78°$$

$$=\frac{\sin 6°\sin 42°\sin 66°\sin 78°}{\cos 6°\cos 42°\cos 66°\cos 78°}$$

$$=\frac{\frac{1}{16}}{\frac{1}{16}}=1$$

本书在开始时我曾提出求证 $\tan\frac{\pi}{7}\tan\frac{2\pi}{7}\tan\frac{3\pi}{7}=\sqrt{7}$ 这一问题. 虽然我们也进行了推证，但方法确实难以想到，求证的过程也相当麻烦，既费思也费解. 然而如果我们采用上面的公式，那么这道题的证明就很容易了. 下面就是证明的全过程.

根据公式(5)，有

$$\sin\frac{\pi}{7}\sin\frac{2\pi}{7}\sin\frac{3\pi}{7}=\frac{\sqrt{7}}{2^3}$$

根据公式(2)，有

$$\cos\frac{\pi}{7}\cos\frac{2\pi}{7}\cos\frac{3\pi}{7}=\frac{1}{2^3}$$

$$\tan\frac{\pi}{7}\tan\frac{2\pi}{7}\tan\frac{3\pi}{7}$$

$$=\frac{\sin\frac{\pi}{7}\sin\frac{2\pi}{7}\sin\frac{3\pi}{7}}{\cos\frac{\pi}{7}\cos\frac{2\pi}{7}\cos\frac{3\pi}{7}}$$

$$=\frac{\frac{\sqrt{7}}{8}}{\frac{1}{8}}=\sqrt{7}$$

有比较才能鉴别,有比较有鉴别才能发展.上述两种不同的方法,收到了不同的效果.从中看到上面的几个公式在求解有限个三角函数之积中的积极作用.

公式(5)表明了求 n 个正弦函数之积的规律.如果是 $2n$ 个正弦函数之积,那么结果如何呢?现在让我们来计算 $\prod_{k=1}^{2n}\sin\frac{k\pi}{2n+1}$ 的值.

经过分析和比较,它的计算方法如下

$$\begin{aligned}\prod_{k=1}^{2n}\sin\frac{k\pi}{2n+1}&=\prod_{k=1}^{n}\sin\frac{k\pi}{2n+1}\cdot\prod_{k=n+1}^{2n}\sin\frac{k\pi}{2n+1}\\&=\frac{\sqrt{2n+1}}{2^n}\prod_{k=n+1}^{2n}\sin\frac{k\pi}{2n+1}\\&=\frac{\sqrt{2n+1}}{2^n}\sin\frac{n+1}{2n+1}\pi\cdot\\&\quad\sin\frac{n+2}{2n+1}\pi\cdot\sin\frac{n+3}{2n+1}\pi\cdot\cdots\cdot\\&\quad\sin\frac{2n-1}{2n+1}\pi\cdot\sin\frac{2n\pi}{2n+1}\end{aligned}$$

但

$$\begin{aligned}\sin\frac{n+1}{2n+1}\pi&=\sin\frac{(2n+1)-n}{2n+1}\pi\\&=\sin\left(\pi-\frac{n\pi}{2n+1}\right)\\&=\sin\frac{n\pi}{2n+1}\end{aligned}$$

同理可知

$$\sin\frac{n+2}{2n+1}\pi=\sin\frac{(n-1)\pi}{2n+1}$$

$$\sin\frac{n+3}{2n+1}\pi=\sin\frac{(n-2)\pi}{2n+1}$$

$$\vdots$$

$$\sin\frac{(2n-1)\pi}{2n+1}=\sin\frac{2\pi}{2n+1}$$

$$\sin\frac{2n\pi}{2n+1}=\sin\frac{\pi}{2n+1}$$

将以上 n 式相乘，得

$$\prod_{k=n+1}^{2n}\sin\frac{k\pi}{2n+1}$$

$$=\sin\frac{\pi}{2n+1}\cdot\sin\frac{2\pi}{2n+1}\cdot\sin\frac{3\pi}{2n+1}\cdot\cdots\cdot\sin\frac{n-1}{2n+1}\pi\cdot\sin\frac{n\pi}{2n+1}$$

$$=\prod_{k=1}^{n}\sin\frac{k\pi}{2n+1}$$

$$=\frac{\sqrt{2n+1}}{2^n}$$

所以

$$\prod_{k=1}^{2n}\sin\frac{k\pi}{2n+1}=\frac{\sqrt{2n+1}}{2^n}\cdot\frac{\sqrt{2n+1}}{2^n}=\frac{2n+1}{2^{2n}}$$

故

$$\prod_{k=1}^{2n}\sin\frac{k\pi}{2n+1}=\left(\prod_{k=1}^{n}\sin\frac{k\pi}{2n+1}\right)^2=\frac{2n+1}{2^{2n}}$$

利用这个公式计算如下各题就很简单了.

$$\prod_{k=1}^{4}\sin\frac{k\pi}{5}\left(\prod_{k=1}^{2}\sin\frac{k\pi}{5}\right)^{2}=\frac{5}{2^{4}}=\frac{5}{16}$$

$$\prod_{k=1}^{14}\sin\frac{k\pi}{15}\left(\prod_{k=1}^{7}\sin\frac{k\pi}{15}\right)^{2}=\frac{15}{2^{14}}$$

$$\prod_{k=1}^{28}\sin\frac{k\pi}{29}\left(\prod_{k=1}^{14}\sin\frac{k\pi}{29}\right)^{2}=\frac{29}{2^{28}}$$

例 7 求证下列各恒等式:

(1) $\prod_{k=1}^{n-1}\sin\frac{k\pi}{n}=\frac{n}{2^{n-1}}$;

(2) $\sin 54^\circ=\frac{1}{2}+\sin 18^\circ$;

(3) $\sec\frac{3\pi}{8}\left(\tan\frac{\pi}{8}+1\right)=4\sin\frac{3\pi}{8}$.

证明 (1)

$$\begin{aligned}\prod_{k=1}^{n-1}\sin\frac{k\pi}{n}&=\prod_{k=1}^{n-1}\sin 2\cdot\frac{k\pi}{2n}\\&=\prod_{k=1}^{n-1}2\sin\frac{k\pi}{2n}\cos\frac{k\pi}{2n}\\&=2^{n-1}\cdot\prod_{k=1}^{n-1}\sin\frac{k\pi}{2n}\prod_{k=1}^{n-1}\sin\frac{k\pi}{2n}\\&=2^{n-1}\cdot\frac{\sqrt{n}}{2^{n-1}}\cdot\frac{\sqrt{n}}{2^{n-1}}\\&=\frac{n}{2^{n-1}}\end{aligned}$$

故原式成立.

(2) 要证明 $\sin 54^\circ=\frac{1}{2}+\sin 18^\circ$,只需证明

$$\sin 54^\circ-\sin 18^\circ=\frac{1}{2}$$

因为

$$\begin{aligned}\sin 54^\circ - \sin 18^\circ &= 2\cos 36^\circ \sin 18^\circ \\ &= 2\cos 36^\circ \cos 72^\circ\end{aligned}$$

而

$$\cos 36^\circ = \cos\frac{\pi}{5}$$

$$\cos 72^\circ = \cos\frac{2\pi}{5}$$

所以

$$\begin{aligned}\sin 54^\circ - \sin 18^\circ &= 2\cdot\cos\frac{\pi}{5}\cdot\cos\frac{2\pi}{5} \\ &= 2\cdot\frac{1}{4} \\ &= \frac{1}{2}\end{aligned}$$

故

$$\sin 54^\circ = \frac{1}{2} + \sin 18^\circ$$

即原式成立.

(3) 因为

$$\cos\frac{\pi}{8}\cos\frac{2\pi}{8}\cos\frac{3\pi}{8} = \frac{\sqrt{4}}{2^3} = \frac{1}{4}$$

$$\tan\frac{\pi}{4} = \tan\frac{2\pi}{8} = 1$$

所以

$$\frac{1}{4}\sec\frac{3\pi}{8}\left(\tan\frac{\pi}{8} + 1\right)$$

$$= \frac{1}{4}\sec\frac{3\pi}{8}\left(\tan\frac{\pi}{8} + \tan\frac{2\pi}{8}\right)$$

$$= \left(\prod_{k=1}^{3}\cos\frac{k\pi}{8}\right)\sec\frac{3\pi}{8}\cdot$$

$$\frac{\sin\frac{\pi}{8}\cos\frac{2\pi}{8}+\cos\frac{\pi}{8}\sin\frac{2\pi}{8}}{\cos\frac{\pi}{8}\cos\frac{2\pi}{8}}$$

$$= \cos\frac{\pi}{8}\cos\frac{2\pi}{8}\frac{\sin\left(\frac{\pi}{8}+\frac{2\pi}{8}\right)}{\cos\frac{\pi}{8}\cos\frac{2\pi}{8}}\cos\frac{3\pi}{8}\sec\frac{3\pi}{8}$$

$$= \sin\frac{3\pi}{8}$$

故 $\sec\frac{3\pi}{8}\left(\tan\frac{\pi}{8}+1\right)=4\sin\frac{3\pi}{8}$,原式成立.

例8 计算下列各式:

(1)$4\sin 18°\cos 36°$;

(2)$\frac{2\tan 5°}{1+\tan^2 5°}\cdot\frac{2\tan 10°}{1+\tan^2 10°}\cdot\frac{2\tan 15°}{1+\tan^2 15°}\cdot\cdots\cdot\frac{2\tan 85°}{1+\tan^2 85°}$

解 (1) 方法1 因为

$$\sin 18° = \frac{\sqrt{5}-1}{4}$$

$$\cos 36° = \frac{\sqrt{5}+1}{4}$$

所以

$$4\sin 18°\cos 36° = 4\cdot\frac{\sqrt{5}-1}{4}\cdot\frac{\sqrt{5}+1}{4} = 1$$

方法2

$$4\sin 18°\cos 36° = 4\cos 36°\cos 72°$$

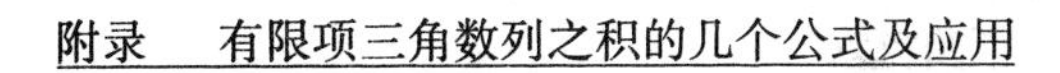

$$= 4\cos\frac{\pi}{5}\cos\frac{2\pi}{5}$$

$$= 4 \times \frac{1}{2^2} = 1$$

上述两种解法各有千秋，如果能知道 sin 18°，cos 36° 的三角函数值，那么利用第一种方法显然简单. 如果说 sin 18°，cos 36° 的值不知道，或者说知道的不全，那么用第二种方法解题就优越些. 总之要根据题目中的条件和自己掌握的知识情况充分发挥自己的优势，避难就易，决定解题方式.

(2) 设原式中第 k 个因子为 $a_k(k = 1,2,\cdots,17)$，则有

$$a_k = \frac{2\tan k \cdot 5^\circ}{1 + \tan^2 k \cdot 5^\circ}$$

$$= \frac{2\dfrac{\sin k \cdot 5^\circ}{\cos k \cdot 5^\circ}}{1 + \dfrac{\sin^2 k \cdot 5^\circ}{\cos^2 k \cdot 5^\circ}}$$

$$= \frac{2\dfrac{\sin k \cdot 5^\circ}{\cos k \cdot 5^\circ}}{\dfrac{\cos^2 k \cdot 5^\circ + \sin^2 k \cdot 5^\circ}{\cos^2 k \cdot 5^\circ}}$$

$$= 2\sin k \cdot 5^\circ \cos k \cdot 5^\circ$$

$$= \sin 2k5^\circ$$

令 $k = 1,2,3,\cdots,17$ 依次代入此式，得

$$a_1 = \sin\frac{\pi}{18}$$

$$a_2 = \sin\frac{2\pi}{18}$$

$$a_3 = \sin\frac{3\pi}{18}$$

$$\vdots$$

$$a_{17} = \sin\frac{17\pi}{18}$$

将以上 17 个式子相乘，再利用例 7(1) 的结果，得

$$\prod_{k=1}^{17} a_k = \prod_{k=1}^{17}\frac{2\tan k5^\circ}{1+\tan^2 k5^\circ}$$

$$= \prod_{k=1}^{17}\sin\frac{k\pi}{18}$$

$$= \frac{18}{2^{17}} = \frac{9}{2^{16}}$$

例 9 如果 θ 为满足方程 $\sqrt{3}\sin\theta+\cos\theta=2$ 的最小正角，试求：$\cos\theta\cos 2\theta\cos 2^2\theta\cdots\cos 2^5\theta$ 的值.

解 因为

$$\sqrt{3}\sin\theta+\cos\theta=2$$

所以

$$\frac{\sqrt{3}}{2}\sin\theta+\frac{1}{2}\cos\theta=1$$

$$\sin\theta\cos\frac{\pi}{6}+\cos\theta\sin\frac{\pi}{6}=1$$

$$\sin\left(\theta+\frac{\pi}{6}\right)=1$$

所以

$$\theta+\frac{\pi}{6}=2n\pi+\frac{\pi}{2}$$

由于 θ 为满足上述方程的最小正角，那么在上式

$$\theta+\frac{\pi}{6}=2n\pi+\frac{\pi}{2}$$

中，n 应取 0. 所以 $\theta=\frac{\pi}{3}$.

由公式(1)，得

$$\begin{aligned}\cos\theta\cos 2\theta\cos 2^2\theta\cdots\cos 2^5\theta &= \frac{\sin 2^6\theta}{2^6\sin\theta}\\ &= \frac{\sin 2^6\cdot\frac{\pi}{3}}{2^6\sin\frac{\pi}{3}}\\ &= \frac{\sin\frac{64\pi}{3}}{64\cdot\frac{\sqrt{3}}{2}}\\ &= \frac{\sin\left(21\pi+\frac{\pi}{3}\right)}{32\sqrt{3}}\\ &= \frac{-\sin\frac{\pi}{3}}{32\sqrt{3}}\\ &= -\frac{1}{64}\end{aligned}$$

例 10　求证：$\sin\frac{\pi}{10}$，$\sin\frac{13\pi}{10}$ 是方程

$$4x^2+2x-1=0$$

的两个根.

证明

$$\begin{aligned}\sin\frac{\pi}{10}+\sin\frac{13\pi}{10} &= 2\sin\frac{7\pi}{10}\cos\frac{6\pi}{10}\\ &= 2\sin\frac{3\pi}{10}\sin\left(\frac{\pi}{2}-\frac{6\pi}{10}\right)\end{aligned}$$

$$= -2\sin\frac{\pi}{10}\sin\frac{3\pi}{10}$$

$$= -2\frac{\prod_{k=1}^{4}\sin\frac{k\pi}{10}}{\sin\frac{2\pi}{10}\sin\frac{4\pi}{10}}$$

$$= -2\frac{\frac{\sqrt{5}}{2^4}}{\prod_{k=1}^{2}\sin\frac{k\pi}{5}}$$

$$= -2\frac{\frac{\sqrt{5}}{2^4}}{\frac{\sqrt{5}}{2^2}} = -\frac{1}{2} \qquad (1)$$

$$\sin\frac{\pi}{10}\sin\frac{13\pi}{10} = -\sin\frac{\pi}{10}\sin\frac{3\pi}{10} = -\frac{1}{4} \qquad (2)$$

由(1),(2)可知 $\sin\frac{\pi}{10}$,$\sin\frac{13\pi}{10}$ 是方程 $4x^2+2x-1=0$ 的两个根.

例 11 求证下列各式:

(1) $(2\cos\theta-1)\cdot(2\cos 2\theta-1)\cdot(2\cos 2^2\theta-1)\cdot\cdots\cdot(2\cos 2^{n-1}\theta-1)=\frac{2\cos 2^n\theta+1}{2\cos\theta+1}$;

(2) $(\cos\frac{\alpha}{2}+\cos\frac{\beta}{2})\cdot(\cos\frac{\alpha}{2^2}+\cos\frac{\beta}{2^2})\cdot\cdots\cdot(\cos\frac{\alpha}{2^n}+\cos\frac{\beta}{2^n})=\frac{\cos\alpha-\cos\beta}{2^n(\cos\frac{\alpha}{2^n}-\cos\frac{\beta}{2^n})}$.

证明 (1) 设第 k 个因式为 a_k,则

$a_k = 2\cos 2^{k-1}\theta - 1$

$$= \frac{(2\cos 2^{k-1}\theta - 1)(2\cos 2^{k-1}\theta + 1)}{2\cos 2^{k-1}\theta + 1}$$

$$= \frac{4\cos^2 2^{k-1}\theta - 1}{2\cos 2^{k-1}\theta + 1}$$

$$= \frac{2\cos 2^{k}\theta + 1}{2\cos 2^{k-1}\theta + 1}$$

令 $k = 1,2,3,\cdots,n$,分别代入上式,得

$$a_1 = \frac{2\cos 2\theta + 1}{2\cos \theta + 1}$$

$$a_2 = \frac{2\cos 2^2\theta + 1}{2\cos 2\theta + 1}$$

$$a_3 = \frac{2\cos 2^3\theta + 1}{2\cos 2^2\theta + 1}$$

$$\vdots$$

$$a_n = \frac{2\cos 2^n\theta + 1}{2\cos 2^{n-1}\theta + 1}$$

将以上 n 式相乘,得

$$\prod_{k=1}^{n} a_k = (2\cos\theta - 1)\cdot(2\cos\theta - 1)\cdot(2\cos 2^2\theta - 1)\cdot\cdots\cdot(2\cos 2^{n-1}\theta - 1)$$

$$= \frac{2\cos 2\theta + 1}{2\cos \theta + 1}\cdot\frac{2\cos 2^2\theta + 1}{2\cos 2\theta + 1}\cdot\frac{2\cos 2^3\theta + 1}{2\cos 2^2\theta + 1}\cdot\cdots\cdot\frac{2\cos 2^n\theta + 1}{2\cos 2^{n-1}\theta + 1}$$

$$= \frac{2\cos 2^n\theta + 1}{2\cos \theta + 1}$$

故原式成立.

(2) 所以

$$\cos x + \cos y = \frac{(\cos x + \cos y)(\cos x - \cos y)}{\cos x - \cos y}$$

$$= \frac{\cos^2 x - \cos^2 y}{\cos x - \cos y}$$

$$= \frac{\frac{\cos 2x + 1}{2} - \frac{\cos 2y + 1}{2}}{\cos x - \cos y}$$

$$= \frac{1}{2} \cdot \frac{\cos 2x - \cos 2y}{\cos x - \cos y}$$

所以

$$\cos\frac{\alpha}{2} + \cos\frac{\beta}{2} = \frac{1}{2} \cdot \frac{\cos\alpha - \cos\beta}{\cos\frac{\alpha}{2} - \cos\frac{\beta}{2}}$$

$$\cos\frac{\alpha}{2^2} + \cos\frac{\beta}{2^2} = \frac{1}{2} \cdot \frac{\cos\frac{\alpha}{2} - \cos\frac{\beta}{2}}{\cos\frac{\alpha}{2^2} - \cos\frac{\beta}{2^2}}$$

$$\cos\frac{\alpha}{2^3} + \cos\frac{\beta}{2^3} = \frac{1}{2} \cdot \frac{\cos\frac{\alpha}{2^2} - \cos\frac{\beta}{2^2}}{\cos\frac{\alpha}{2^3} - \cos\frac{\beta}{2^3}}$$

$$\vdots$$

$$\cos\frac{\alpha}{2^{n-1}} + \cos\frac{\beta}{2^{n-1}} = \frac{1}{2} \cdot \frac{\cos\frac{\alpha}{2^{n-2}} - \cos\frac{\beta}{2^{n-2}}}{\cos\frac{\alpha}{2^{n-1}} - \cos\frac{\beta}{2^{n-1}}}$$

$$\cos\frac{\alpha}{2^n} + \cos\frac{\beta}{2^n} = \frac{1}{2} \cdot \frac{\cos\frac{\alpha}{2^{n-1}} - \cos\frac{\beta}{2^{n-1}}}{\cos\frac{\alpha}{2^n} - \cos\frac{\beta}{2^n}}$$

将以上 n 式相乘,即得

$$\left(\cos\frac{\alpha}{2} + \cos\frac{\beta}{2}\right) \cdot \left(\cos\frac{\alpha}{2^2} + \cos\frac{\beta}{2^2}\right) \cdot$$

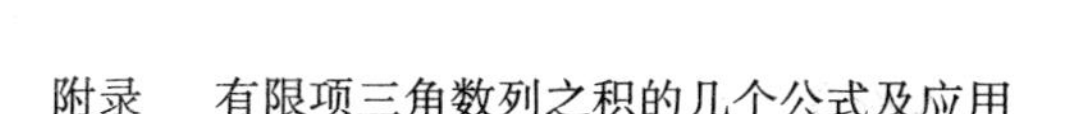

$$\left(\cos\frac{\alpha}{2^3}+\cos\frac{\beta}{2^3}\right)\cdot\cdots\cdot\left(\cos\frac{\alpha}{2^{n-1}}+\cos\frac{\beta}{2^{n-1}}\right)\cdot$$

$$\left(\cos\frac{\alpha}{2^n}+\cos\frac{\beta}{2^n}\right)=\frac{\cos\alpha-\cos\beta}{2^n\left(\cos\frac{\alpha}{2^n}-\cos\frac{\beta}{2^n}\right)}$$

例 12　求证：$\prod\limits_{i=1}^{7}\cos\frac{i}{15}\pi=\left(\sum\limits_{i=0}^{2}\cos\frac{2i+1}{7}\pi\right)^7$.

证明　由公式$\prod\limits_{i=1}^{n}\cos\frac{ik}{2n+1}=\frac{1}{2^n}$得

$$\prod_{i=1}^{7}\cos\frac{i}{15}\pi=\frac{1}{2^7}$$

由公式

$$\sum_{i=1}^{n}\cos\left(\alpha+(i-1)\beta\right)$$

$$=\frac{\cos\left(\alpha+\frac{n-1}{2}\beta\right)\sin\frac{n}{2}\beta}{\sin\frac{1}{2}\beta}$$

得

$$\sum_{i=0}^{2}\cos\frac{2i+1}{7}\pi=\cos\frac{\pi}{7}+\cos\frac{3\pi}{7}+\cos\frac{5\pi}{7}$$

$$=\frac{\cos\left(\frac{\pi}{7}+\frac{2\pi}{7}\right)\sin\frac{3\pi}{7}}{\sin\frac{\pi}{7}}$$

$$=\frac{\sin\frac{3\pi}{7}\cos\frac{3\pi}{7}}{\sin\frac{\pi}{7}}$$

$$= \frac{1}{2} \cdot \frac{\sin \frac{6\pi}{7}}{\sin \frac{\pi}{7}} = \frac{1}{2}$$

所以

$$(\sum_{i=0}^{2} \cos \frac{2i+1}{7}\pi)^7 = \frac{1}{2^7}$$

故

$$\prod_{i=1}^{7} \cos \frac{i}{15}\pi = \sum_{i=0}^{2} \cos \frac{2i+1}{7}\pi)^7$$

⊙编辑手记

本书的书名容易使人误认为是一本高等数学的书，它与几部数学名著的书名都十分相近.

第一本是陈建功先生的《三角级数论》，1929 年陈建功先生遵从导师藤原松三郎先生的嘱咐，用日文写成了《三角级数论》，于 1930 年在东京岩波书店出版. 从 1939 年起将此书用于浙江大学数学系研究生的教材，到 1960 年陈先生又增添了一些新内容以中文形式出版，以授杭州大学的研究生.

如果说本书与陈先生的书还差一个论字，那么他与齐革蒙德（Antoni Zygmund 1900 - 1992）所著的《Trigonometric Series》则是一字不差，齐革蒙德是波兰著名数学家，1923 年在 Aleksander Rajchman 的指导下在华沙大学获得了博士学位,1935 年便在波兰华沙出版了这部巨著,一经出版便在学术界确立了其典范作用,芝加哥大学数学系主任 Robert Fefferman 还特别为 1959 年剑桥大学版的第 3 版写了序.

有一个段子说:大多数我 15 岁前已有的流行文化都是陈腐老土的;大多数我 15 岁到 35 岁之间诞生的流行文化都是无法超越的经典;大多数我 35 岁后才有的流行文化都是浅薄可笑的,这就是人性,但数学却不是这样,有价值的永远都是经典.

今天我们回过头来再看三角级数已经较那时有了非常大的发展,手边有一本程民德先生的文集,随手翻开发现早在上世纪 50 年代程先生和陈永和就研究了具有实系数的 k 重三角级数.

用指数函数 $e^{i(n_1x_1+n_2x_2+\cdots+n_kx_k)}$ 为项来表达时,可以写成下面的形式

$$\sum_{n_1,n_2,\cdots,n_k=-\infty}^{+\infty} C_{n_1,n_2,\cdots,n_k} e^{i(n_1x_1+n_2x_2+\cdots+n_kx_k)} \qquad (1)$$

级数(1) 的圆形部分和用下面的式子来表达

$$\begin{aligned} S_N(x) &\equiv \sum_{v=0}^{N} C_v(x) \\ &\equiv \sum_{v=0}^{N}\Big(\sum_{n_1^2+\cdots+n_k^2=v} C_{n_1,\cdots,n_k} e^{i(n_1x_1+\cdots+n_kx_k)}\Big) \end{aligned}$$

若函数列 $\{S_N(x)\}$ 可以用求和法求和时,我们就说 k 重三角级数(1) 可以按圆形式来求和. 进一步他们还研究了三角多项式的逼近问题,这一直都是经典数学中的典型问题.

若 D 表示 xOy 平面上的矩形区域:$0 \leqslant x \leqslant 2\pi$;$0 \leqslant y \leqslant 2\pi$,我们所考虑的函数 $f(x,y)$ 都是在 D 上确

定的周期函数,关于每一变量的周期都是 2π.

假如 $f(x,y)$ 在 D 上有 p 级的连续偏导数,我们就用 $f \in C^p(D)$ 来表示. 当 $p=0$ 时, $C^0(D)$ 简记作 $C(D)$,表示在 D 上连续的函数类. 设 $f \in C(D)$. 我们用

$$\omega(\rho) \equiv \omega(\rho;f) \equiv \max_{(x_1-x_2)^2+(y_1-y_2)^2 \leqslant \rho^2} |f(x_1,y_1)-f(x_2,y_2)|$$

表示 f 的连续模. 当 $f \in C^p(D)$ 时,我们令

$$\omega_p(\rho) \equiv \omega_p(\rho;f) \equiv \max_{\substack{\alpha,\beta \geqslant 0 \\ \alpha+\beta=p}} \omega_{\alpha,\beta}(\rho)$$

其中 $\omega_{\alpha,\beta}(\rho)$ 是函数

$$\frac{\partial^p f(x,y)}{\partial x^\alpha \partial y^\beta} (\alpha,\beta \geqslant 0, \alpha+\beta=p \geqslant 1)$$

的连续模. $\omega_0(\rho)$ 即规定为 $\omega(\rho)$.

对于任一用复的形式表示的三角多项式

$$T(x,y) = \sum C_{m,n} \mathrm{e}^{\mathrm{i}(mx+ny)}$$

我们称 $R = \max_{m,n} (m^2+n^2)^{\frac{1}{2}}$ 为三角多项式 $T(x,y)$ 的阶. 并用 $T_R(x,y)$ 表示阶不大于 R 的三角多项式. 程先生作出具体的三角多项式 $T_R(x,y)$ 来逼近已经给定的函数 $f(x,y)$,使它们的偏差

$$\max_{0 \leqslant x,y \leqslant 2\pi} |f(x,y)-T_R(x,y)|$$

当 R 充分大时的阶达到相当于单元函数的最小偏差的阶.

今天重新再版本书是根据天津孙宏学老先生的提意,因为他经营着一家网上旧书店,在下单的读者中,对本书好评的很多,说明在读者中这本书还是很有市场.

三角级数

在钱伟长教授的回忆录中(为读此回忆录笔者购买了一套钱先生的文集)有记载,他在被下放到工厂劳动时,利用业余时间计算了近万个三角级数的和,以备工程之用.

在鲁迅的《野草》开头是这样写的:“当我沉默着的时候,我觉得充实,我将开口,同时感到空虚.”老书再版作为策划编辑理应讲些再版理由,但一提笔便想起了鲁迅的这句话.

刘培杰

2015. 6. 29

于哈工大

哈尔滨工业大学出版社刘培杰数学工作室已出版(即将出版)图书目录

书　　名	出版时间	定　价	编号
新编中学数学解题方法全书(高中版)上卷	2007-09	38.00	7
新编中学数学解题方法全书(高中版)中卷	2007-09	48.00	8
新编中学数学解题方法全书(高中版)下卷(一)	2007-09	42.00	17
新编中学数学解题方法全书(高中版)下卷(二)	2007-09	38.00	18
新编中学数学解题方法全书(高中版)下卷(三)	2010-06	58.00	73
新编中学数学解题方法全书(初中版)上卷	2008-01	28.00	29
新编中学数学解题方法全书(初中版)中卷	2010-07	38.00	75
新编中学数学解题方法全书(高考复习卷)	2010-01	48.00	67
新编中学数学解题方法全书(高考真题卷)	2010-01	38.00	62
新编中学数学解题方法全书(高考精华卷)	2011-03	68.00	118
新编平面解析几何解题方法全书(专题讲座卷)	2010-01	18.00	61
新编中学数学解题方法全书(自主招生卷)	2013-08	88.00	261
数学眼光透视	2008-01	38.00	24
数学思想领悟	2008-01	38.00	25
数学应用展观	2008-01	38.00	26
数学建模导引	2008-01	28.00	23
数学方法溯源	2008-01	38.00	27
数学史话览胜	2008-01	28.00	28
数学思维技术	2013-09	38.00	260
从毕达哥拉斯到怀尔斯	2007-10	48.00	9
从迪利克雷到维斯卡尔迪	2008-01	48.00	21
从哥德巴赫到陈景润	2008-05	98.00	35
从庞加莱到佩雷尔曼	2011-08	138.00	136
数学解题中的物理方法	2011-06	28.00	114
数学解题的特殊方法	2011-06	48.00	115
中学数学计算技巧	2012-01	48.00	116
中学数学证明方法	2012-01	58.00	117
数学趣题巧解	2012-03	28.00	128
三角形中的角格点问题	2013-01	88.00	207
含参数的方程和不等式	2012-09	28.00	213

哈尔滨工业大学出版社刘培杰数学工作室已出版(即将出版)图书目录

书　　名	出版时间	定　价	编号
数学奥林匹克与数学文化(第一辑)	2006-05	48.00	4
数学奥林匹克与数学文化(第二辑)(竞赛卷)	2008-01	48.00	19
数学奥林匹克与数学文化(第二辑)(文化卷)	2008-07	58.00	36′
数学奥林匹克与数学文化(第三辑)(竞赛卷)	2010-01	48.00	59
数学奥林匹克与数学文化(第四辑)(竞赛卷)	2011-08	58.00	87
数学奥林匹克与数学文化(第五辑)	2015-06	98.00	370

书　　名	出版时间	定　价	编号
发展空间想象力	2010-01	38.00	57
走向国际数学奥林匹克的平面几何试题诠释(上、下)(第1版)	2007-01	68.00	11,12
走向国际数学奥林匹克的平面几何试题诠释(上、下)(第2版)	2010-02	98.00	63,64
平面几何证明方法全书	2007-08	35.00	1
平面几何证明方法全书习题解答(第1版)	2005-10	18.00	2
平面几何证明方法全书习题解答(第2版)	2006-12	18.00	10
平面几何天天练上卷·基础篇(直线型)	2013-01	58.00	208
平面几何天天练中卷·基础篇(涉及圆)	2013-01	28.00	234
平面几何天天练下卷·提高篇	2013-01	58.00	237
平面几何专题研究	2013-07	98.00	258
最新世界各国数学奥林匹克中的平面几何试题	2007-09	38.00	14
数学竞赛平面几何典型题及新颖解	2010-07	48.00	74
初等数学复习及研究(平面几何)	2008-09	58.00	38
初等数学复习及研究(立体几何)	2010-06	38.00	71
初等数学复习及研究(平面几何)习题解答	2009-01	48.00	42
世界著名平面几何经典著作钩沉——几何作图专题卷(上)	2009-06	48.00	49
世界著名平面几何经典著作钩沉——几何作图专题卷(下)	2011-01	88.00	80
世界著名平面几何经典著作钩沉(民国平面几何老课本)	2011-03	38.00	113
世界著名解析几何经典著作钩沉——平面解析几何卷	2014-01	38.00	273
世界著名数论经典著作钩沉(算术卷)	2012-01	28.00	125
世界著名数学经典著作钩沉——立体几何卷	2011-02	28.00	88
世界著名三角学经典著作钩沉(平面三角卷Ⅰ)	2010-06	28.00	69
世界著名三角学经典著作钩沉(平面三角卷Ⅱ)	2011-01	38.00	78
世界著名初等数论经典著作钩沉(理论和实用算术卷)	2011-07	38.00	126
几何学教程(平面几何卷)	2011-03	68.00	90
几何学教程(立体几何卷)	2011-07	68.00	130
几何变换与几何证题	2010-06	88.00	70
计算方法与几何证题	2011-06	28.00	129
立体几何技巧与方法	2014-04	88.00	293
几何瑰宝——平面几何500名题暨1000条定理(上、下)	2010-07	138.00	76,77
三角形的解法与应用	2012-07	18.00	183
近代的三角形几何学	2012-07	48.00	184
一般折线几何学	即将出版	58.00	203
三角形的五心	2009-06	28.00	51
三角形趣谈	2012-08	28.00	212
解三角形	2014-01	28.00	265
三角学专门教程	2014-09	28.00	387
距离几何分析导引	2015-02	68.00	446

哈尔滨工业大学出版社刘培杰数学工作室已出版(即将出版)图书目录

书　　名	出版时间	定　价	编号
圆锥曲线习题集(上册)	2013-06	68.00	255
圆锥曲线习题集(中册)	2015-01	78.00	434
圆锥曲线习题集(下册)	即将出版		
俄罗斯平面几何问题集	2009-08	88.00	55
俄罗斯立体几何问题集	2014-03	58.00	283
俄罗斯几何大师——沙雷金论数学及其他	2014-01	48.00	271
来自俄罗斯的5000道几何习题及解答	2011-03	58.00	89
俄罗斯初等数学问题集	2012-05	38.00	177
俄罗斯函数问题集	2011-03	38.00	103
俄罗斯组合分析问题集	2011-01	48.00	79
俄罗斯初等数学万题选——三角卷	2012-11	38.00	222
俄罗斯初等数学万题选——代数卷	2013-08	68.00	225
俄罗斯初等数学万题选——几何卷	2014-01	68.00	226
463个俄罗斯几何老问题	2012-01	28.00	152
近代欧氏几何学	2012-03	48.00	162
罗巴切夫斯基几何学及几何基础概要	2012-07	28.00	188
用三角、解析几何、复数、向量计算解数学竞赛几何题	2015-03	48.00	455
美国中学几何教程	2015-04	88.00	458
三线坐标与三角形特征点	2015-04	98.00	460
平面解析几何方法与研究(第1卷)	2015-05	18.00	471
平面解析几何方法与研究(第2卷)	2015-06	18.00	472
平面解析几何方法与研究(第3卷)	2015-07	18.00	473
超越吉米多维奇.数列的极限	2009-11	48.00	58
超越普里瓦洛夫.留数卷	2015-01	28.00	437
超越普里瓦洛夫.无穷乘积与它对解析函数的应用卷	2015-05	28.00	477
超越普里瓦洛夫.积分卷	2015-06	18.00	481
超越普里瓦洛夫.基础知识卷	2015-06	28.00	482
超越普里瓦洛夫.数项级数卷	2015-07	38.00	489
Barban Davenport Halberstam 均值和	2009-01	40.00	33
初等数论难题集(第一卷)	2009-05	68.00	44
初等数论难题集(第二卷)(上、下)	2011-02	128.00	82,83
谈谈素数	2011-03	18.00	91
平方和	2011-03	18.00	92
数论概貌	2011-03	18.00	93
代数数论(第二版)	2013-08	58.00	94
代数多项式	2014-06	38.00	289
初等数论的知识与问题	2011-02	28.00	95
超越数论基础	2011-03	28.00	96
数论初等教程	2011-03	28.00	97
数论基础	2011-03	18.00	98
数论基础与维诺格拉多夫	2014-03	18.00	292
解析数论基础	2012-08	28.00	216
解析数论基础(第二版)	2014-01	48.00	287
解析数论问题集(第二版)	2014-05	88.00	343
解析几何研究	2015-01	38.00	425
初等几何研究	2015-02	58.00	444
数论入门	2011-03	38.00	99
代数数论入门	2015-03	38.00	448
数论开篇	2012-07	28.00	194
解析数论引论	2011-03	48.00	100

哈尔滨工业大学出版社刘培杰数学工作室已出版(即将出版)图书目录

书　　名	出版时间	定　价	编号
复变函数引论	2013-10	68.00	269
伸缩变换与抛物旋转	2015-01	38.00	449
无穷分析引论(上)	2013-04	88.00	247
无穷分析引论(下)	2013-04	98.00	245
数学分析	2014-04	28.00	338
数学分析中的一个新方法及其应用	2013-01	38.00	231
数学分析例选:通过范例学技巧	2013-01	88.00	243
高等代数例选:通过范例学技巧	2015-06	88.00	475
三角级数论(上册)(陈建功)	2013-01	38.00	232
三角级数论(下册)(陈建功)	2013-01	48.00	233
三角级数论(哈代)	2013-06	48.00	254
基础数论	2011-03	28.00	101
超越数	2011-03	18.00	109
三角和方法	2011-03	18.00	112
谈谈不定方程	2011-05	28.00	119
整数论	2011-05	38.00	120
随机过程(Ⅰ)	2014-01	78.00	224
随机过程(Ⅱ)	2014-01	68.00	235
整数的性质	2012-11	38.00	192
初等数论 100 例	2011-05	18.00	122
初等数论经典例题	2012-07	18.00	204
最新世界各国数学奥林匹克中的初等数论试题(上、下)	2012-01	138.00	144,145
算术探索	2011-12	158.00	148
初等数论(Ⅰ)	2012-01	18.00	156
初等数论(Ⅱ)	2012-01	18.00	157
初等数论(Ⅲ)	2012-01	28.00	158
组合数学	2012-04	28.00	178
组合数学浅谈	2012-03	28.00	159
同余理论	2012-05	38.00	163
丢番图方程引论	2012-03	48.00	172
平面几何与数论中未解决的新老问题	2013-01	68.00	229
法雷级数	2014-08	18.00	367
代数数论简史	2014-11	28.00	408
摆线族	2015-01	38.00	438
拉普拉斯变换及其应用	2015-02	38.00	447
函数方程及其解法	2015-05	38.00	470
罗巴切夫斯基几何学初步	2015-06	28.00	474
[x]与{x}	2015-04	48.00	476
极值与最值. 上卷	2015-06	38.00	486
极值与最值. 中卷	2015-06	38.00	487
极值与最值. 下卷	2015-06	28.00	488
历届美国中学生数学竞赛试题及解答(第一卷)1950-1954	2014-07	18.00	277
历届美国中学生数学竞赛试题及解答(第二卷)1955-1959	2014-04	18.00	278
历届美国中学生数学竞赛试题及解答(第三卷)1960-1964	2014-06	18.00	279
历届美国中学生数学竞赛试题及解答(第四卷)1965-1969	2014-04	28.00	280
历届美国中学生数学竞赛试题及解答(第五卷)1970-1972	2014-06	18.00	281
历届美国中学生数学竞赛试题及解答(第七卷)1981-1986	2015-01	18.00	424

哈尔滨工业大学出版社刘培杰数学工作室已出版(即将出版)图书目录

书　　名	出版时间	定　价	编号
历届 IMO 试题集(1959—2005)	2006-05	58.00	5
历届 CMO 试题集	2008-09	28.00	40
历届中国数学奥林匹克试题集	2014-10	38.00	394
历届加拿大数学奥林匹克试题集	2012-08	38.00	215
历届美国数学奥林匹克试题集:多解推广加强	2012-08	38.00	209
历届波兰数学竞赛试题集.第1卷,1949～1963	2015-03	18.00	453
历届波兰数学竞赛试题集.第2卷,1964～1976	2015-03	18.00	454
保加利亚数学奥林匹克	2014-10	38.00	393
圣彼得堡数学奥林匹克试题集	2015-01	48.00	429
历届国际大学生数学竞赛试题集(1994-2010)	2012-01	28.00	143
全国大学生数学夏令营数学竞赛试题及解答	2007-03	28.00	15
全国大学生数学竞赛辅导教程	2012-07	28.00	189
全国大学生数学竞赛复习全书	2014-04	48.00	340
历届美国大学生数学竞赛试题集	2009-03	88.00	43
前苏联大学生数学奥林匹克竞赛题解(上编)	2012-04	28.00	169
前苏联大学生数学奥林匹克竞赛题解(下编)	2012-04	38.00	170
历届美国数学邀请赛试题集	2014-01	48.00	270
全国高中数学竞赛试题及解答.第1卷	2014-07	38.00	331
大学生数学竞赛讲义	2014-09	28.00	371
亚太地区数学奥林匹克竞赛题	2015-07	18.00	492
高考数学临门一脚(含密押三套卷)(理科版)	2015-01	24.80	421
高考数学临门一脚(含密押三套卷)(文科版)	2015-01	24.80	422
新课标高考数学题型全归纳(文科版)	2015-05	72.00	467
新课标高考数学题型全归纳(理科版)	2015-05	82.00	468

书　　名	出版时间	定　价	编号
整函数	2012-08	18.00	161
多项式和无理数	2008-01	68.00	22
模糊数据统计学	2008-03	48.00	31
模糊分析学与特殊泛函空间	2013-01	68.00	241
受控理论与解析不等式	2012-05	78.00	165
解析不等式新论	2009-06	68.00	48
反问题的计算方法及应用	2011-11	28.00	147
建立不等式的方法	2011-03	98.00	104
数学奥林匹克不等式研究	2009-08	68.00	56
不等式研究(第二辑)	2012-02	68.00	153
初等数学研究(Ⅰ)	2008-09	68.00	37
初等数学研究(Ⅱ)(上、下)	2009-05	118.00	46,47
中国初等数学研究　2009卷(第1辑)	2009-05	20.00	45
中国初等数学研究　2010卷(第2辑)	2010-05	30.00	68
中国初等数学研究　2011卷(第3辑)	2011-07	60.00	127
中国初等数学研究　2012卷(第4辑)	2012-07	48.00	190
中国初等数学研究　2014卷(第5辑)	2014-02	48.00	288
中国初等数学研究　2015卷(第6辑)	2015-06	68.00	493
振兴祖国数学的圆梦之旅:中国初等数学研究史话	2015-06	78.00	490
数阵及其应用	2012-02	28.00	164
绝对值方程—折边与组合图形的解析研究	2012-07	48.00	186
不等式的秘密(第一卷)	2012-02	28.00	154
不等式的秘密(第一卷)(第2版)	2014-02	38.00	286
不等式的秘密(第二卷)	2014-01	38.00	268
初等不等式的证明方法	2010-06	38.00	123
初等不等式的证明方法(第二版)	2014-11	38.00	407

哈尔滨工业大学出版社刘培杰数学工作室已出版(即将出版)图书目录

书　名	出版时间	定　价	编号
数学奥林匹克在中国	2014-06	98.00	344
数学奥林匹克问题集	2014-01	38.00	267
数学奥林匹克不等式散论	2010-06	38.00	124
数学奥林匹克不等式欣赏	2011-09	38.00	138
数学奥林匹克超级题库(初中卷上)	2010-01	58.00	66
数学奥林匹克不等式证明方法和技巧(上、下)	2011-08	158.00	134,135
近代拓扑学研究	2013-04	38.00	239
新编 640 个世界著名数学智力趣题	2014-01	88.00	242
500 个最新世界著名数学智力趣题	2008-06	48.00	3
400 个最新世界著名数学最值问题	2008-09	48.00	36
500 个世界著名数学征解问题	2009-06	48.00	52
400 个中国最佳初等数学征解老问题	2010-01	48.00	60
500 个俄罗斯数学经典老题	2011-01	28.00	81
1000 个国外中学物理好题	2012-04	48.00	174
300 个日本高考数学题	2012-05	38.00	142
500 个前苏联早期高考数学试题及解答	2012-05	28.00	185
546 个早期俄罗斯大学生数学竞赛题	2014-03	38.00	285
548 个来自美苏的数学好问题	2014-11	28.00	396
20 所苏联著名大学早期入学试题	2015-02	18.00	452
161 道德国工科大学生必做的微分方程习题	2015-05	28.00	469
500 个德国工科大学生必做的高数习题	2015-06	28.00	478
德国讲义日本考题. 微积分卷	2015-04	48.00	456
德国讲义日本考题. 微分方程卷	2015-04	38.00	457
博弈论精粹	2008-03	58.00	30
博弈论精粹. 第二版(精装)	2015-01	88.00	461
数学 我爱你	2008-01	28.00	20
精神的圣徒　别样的人生——60 位中国数学家成长的历程	2008-09	48.00	39
数学史概论	2009-06	78.00	50
数学史概论(精装)	2013-03	158.00	272
斐波那契数列	2010-02	28.00	65
数学拼盘和斐波那契魔方	2010-07	38.00	72
斐波那契数列欣赏	2011-01	28.00	160
数学的创造	2011-02	48.00	85
数学中的美	2011-02	38.00	84
数论中的美学	2014-12	38.00	351
数学王者　科学巨人——高斯	2015-01	28.00	428
王连笑教你怎样学数学:高考选择题解题策略与客观题实用训练	2014-01	48.00	262
王连笑教你怎样学数学:高考数学高层次讲座	2015-02	48.00	432
最新全国及各省市高考数学试卷解法研究及点拨评析	2009-02	38.00	41
高考数学的理论与实践	2009-08	38.00	53
中考数学专题总复习	2007-04	28.00	6
向量法巧解数学高考题	2009-08	28.00	54
高考数学核心题型解题方法与技巧	2010-01	28.00	86
高考思维新平台	2014-03	38.00	259
数学解题——靠数学思想给力(上)	2011-07	38.00	131
数学解题——靠数学思想给力(中)	2011-07	48.00	132
数学解题——靠数学思想给力(下)	2011-07	38.00	133
高中数学教学通鉴	2015-05	58.00	479

哈尔滨工业大学出版社刘培杰数学工作室已出版(即将出版)图书目录

书　　名	出版时间	定　价	编号
我怎样解题	2013-01	48.00	227
和高中生漫谈:数学与哲学的故事	2014-08	28.00	369
2011 年全国及各省市高考数学试题审题要津与解法研究	2011-10	48.00	139
2013 年全国及各省市高考数学试题解析与点评	2014-01	48.00	282
全国及各省市高考数学试题审题要津与解法研究	2015-02	48.00	450
新课标高考数学——五年试题分章详解(2007～2011)(上、下)	2011-10	78.00	140,141
30 分钟拿下高考数学选择题、填空题(第二版)	2012-01	28.00	146
全国中考数学压轴题审题要津与解法研究	2013-04	78.00	248
新编全国及各省市中考数学压轴题审题要津与解法研究	2014-05	58.00	342
全国及各省市 5 年中考数学压轴题审题要津与解法研究	2015-04	58.00	462
高考数学压轴题解题诀窍(上)	2012-02	78.00	166
高考数学压轴题解题诀窍(下)	2012-03	28.00	167
自主招生考试中的参数方程问题	2015-01	28.00	435
自主招生考试中的极坐标问题	2015-04	28.00	463
近年全国重点大学自主招生数学试题全解及研究. 华约卷	2015-02	38.00	441
近年全国重点大学自主招生数学试题全解及研究. 北约卷	即将出版		

书　　名	出版时间	定　价	编号
格点和面积	2012-07	18.00	191
射影几何趣谈	2012-04	28.00	175
斯潘纳尔引理——从一道加拿大数学奥林匹克试题谈起	2014-01	28.00	228
李普希兹条件——从几道近年高考数学试题谈起	2012-10	18.00	221
拉格朗日中值定理——从一道北京高考试题的解法谈起	2012-10	18.00	197
闵科夫斯基定理——从一道清华大学自主招生试题谈起	2014-01	28.00	198
哈尔测度——从一道冬令营试题的背景谈起	2012-08	28.00	202
切比雪夫逼近问题——从一道中国台北数学奥林匹克试题谈起	2013-04	38.00	238
伯恩斯坦多项式与贝齐尔曲面——从一道全国高中数学联赛试题谈起	2013-03	38.00	236
卡塔兰猜想——从一道普特南竞赛试题谈起	2013-06	18.00	256
麦卡锡函数和阿克曼函数——从一道前南斯拉夫数学奥林匹克试题谈起	2012-08	18.00	201
贝蒂定理与拉姆贝克莫斯尔定理——从一个拣石子游戏谈起	2012-08	18.00	217
皮亚诺曲线和豪斯道夫分球定理——从无限集谈起	2012-08	18.00	211
平面凸图形与凸多面体	2012-10	28.00	218
斯坦因豪斯问题——从一道二十五省市自治区中学数学竞赛试题谈起	2012-07	18.00	196
纽结理论中的亚历山大多项式与琼斯多项式——从一道北京市高一数学竞赛试题谈起	2012-07	28.00	195
原则与策略——从波利亚"解题表"谈起	2013-04	38.00	244
转化与化归——从三大尺规作图不能问题谈起	2012-08	28.00	214
代数几何中的贝祖定理(第一版)——从一道 IMO 试题的解法谈起	2013-08	18.00	193
成功连贯理论与约当块理论——从一道比利时数学竞赛试题谈起	2012-04	18.00	180
磨光变换与范·德·瓦尔登猜想——从一道环球城市竞赛试题谈起	即将出版		
素数判定与大数分解	2014-08	18.00	199
置换多项式及其应用	2012-10	18.00	220
椭圆函数与模函数——从一道美国加州大学洛杉矶分校(UCLA)博士资格考题谈起	2012-10	28.00	219

哈尔滨工业大学出版社刘培杰数学工作室已出版(即将出版)图书目录

书　名	出版时间	定　价	编号
差分方程的拉格朗日方法——从一道 2011 年全国高考理科试题的解法谈起	2012-08	28.00	200
力学在几何中的一些应用	2013-01	38.00	240
高斯散度定理、斯托克斯定理和平面格林定理——从一道国际大学生数学竞赛试题谈起	即将出版		
康托洛维奇不等式——从一道全国高中联赛试题谈起	2013-03	28.00	337
西格尔引理——从一道第 18 届 IMO 试题的解法谈起	即将出版		
罗斯定理——从一道前苏联数学竞赛试题谈起	即将出版		
拉克斯定理和阿廷定理——从一道 IMO 试题的解法谈起	2014-01	58.00	246
毕卡大定理——从一道美国大学数学竞赛试题谈起	2014-07	18.00	350
贝齐尔曲线——从一道全国高中联赛试题谈起	即将出版		
拉格朗日乘子定理——从一道 2005 年全国高中联赛试题的高等数学解法谈起	2015-05	28.00	480
雅可比定理——从一道日本数学奥林匹克试题谈起	2013-04	48.00	249
李天岩-约克定理——从一道波兰数学竞赛试题谈起	2014-06	28.00	349
整系数多项式因式分解的一般方法——从克朗耐克算法谈起	即将出版		
布劳维不动点定理——从一道前苏联数学奥林匹克试题谈起	2014-01	38.00	273
压缩不动点定理——从一道高考数学试题的解法谈起	即将出版		
伯恩赛德定理——从一道英国数学奥林匹克试题谈起	即将出版		
布查特-莫斯特定理——从一道上海市初中竞赛试题谈起	即将出版		
数论中的同余数问题——从一道普特南竞赛试题谈起	即将出版		
范·德蒙行列式——从一道美国数学奥林匹克试题谈起	即将出版		
中国剩余定理:总数法构建中国历史年表	2015-01	28.00	430
牛顿程序与方程求根——从一道全国高考试题解法谈起	即将出版		
库默尔定理——从一道 IMO 预选试题谈起	即将出版		
卢丁定理——从一道冬令营试题的解法谈起	即将出版		
沃斯滕霍姆定理——从一道 IMO 预选试题谈起	即将出版		
卡尔松不等式——从一道莫斯科数学奥林匹克试题谈起	即将出版		
信息论中的香农熵——从一道近年高考压轴题谈起	即将出版		
约当不等式——从一道希望杯竞赛试题谈起	即将出版		
拉比诺维奇定理	即将出版		
刘维尔定理——从一道《美国数学月刊》征解问题的解法谈起	即将出版		
卡塔兰恒等式与级数求和——从一道 IMO 试题的解法谈起	即将出版		
勒让德猜想与素数分布——从一道爱尔兰竞赛试题谈起	即将出版		
天平称重与信息论——从一道基辅市数学奥林匹克试题谈起	即将出版		
哈密尔顿-凯莱定理:从一道高中数学联赛试题的解法谈起	2014-09	18.00	376
艾思特曼定理——从一道 CMO 试题的解法谈起	即将出版		

哈尔滨工业大学出版社刘培杰数学工作室已出版(即将出版)图书目录

书　　名	出版时间	定　价	编号
一个爱尔特希问题——从一道西德数学奥林匹克试题谈起	即将出版		
有限群中的爱丁格尔问题——从一道北京市初中二年级数学竞赛试题谈起	即将出版		
贝克码与编码理论——从一道全国高中联赛试题谈起	即将出版		
帕斯卡三角形	2014-03	18.00	294
蒲丰投针问题——从2009年清华大学的一道自主招生试题谈起	2014-01	38.00	295
斯图姆定理——从一道"华约"自主招生试题的解法谈起	2014-01	18.00	296
许瓦兹引理——从一道加利福尼亚大学伯克利分校数学系博士生试题谈起	2014-08	18.00	297
拉格朗日中值定理——从一道北京高考试题的解法谈起	2014-01		298
拉姆塞定理——从王诗宬院士的一个问题谈起	2014-01		299
坐标法	2013-12	28.00	332
数论三角形	2014-04	38.00	341
毕克定理	2014-07	18.00	352
数林掠影	2014-09	48.00	389
我们周围的概率	2014-10	38.00	390
凸函数最值定理:从一道华约自主招生题的解法谈起	2014-10	28.00	391
易学与数学奥林匹克	2014-10	38.00	392
生物数学趣谈	2015-01	18.00	409
反演	2015-01		420
因式分解与圆锥曲线	2015-01	18.00	426
轨迹	2015-01	28.00	427
面积原理:从常庚哲命的一道CMO试题的积分解法谈起	2015-01	48.00	431
形形色色的不动点定理:从一道28届IMO试题谈起	2015-01	38.00	439
柯西函数方程:从一道上海交大自主招生的试题谈起	2015-02	28.00	440
三角恒等式	2015-02	28.00	442
无理性判定:从一道2014年"北约"自主招生试题谈起	2015-01	38.00	443
数学归纳法	2015-03	18.00	451
极端原理与解题	2015-04	28.00	464
中等数学英语阅读文选	2006-12	38.00	13
统计学专业英语	2007-03	28.00	16
统计学专业英语(第二版)	2012-07	48.00	176
统计学专业英语(第三版)	2015-04	68.00	465
幻方和魔方(第一卷)	2012-05	68.00	173
尘封的经典——初等数学经典文献选读(第一卷)	2012-07	48.00	205
尘封的经典——初等数学经典文献选读(第二卷)	2012-07	38.00	206
实变函数论	2012-06	78.00	181
非光滑优化及其变分分析	2014-01	48.00	230
疏散的马尔科夫链	2014-01	58.00	266
马尔科夫过程论基础	2015-01	28.00	433
初等微分拓扑学	2012-07	18.00	182
方程式论	2011-03	38.00	105
初级方程式论	2011-03	28.00	106
Galois 理论	2011-03	18.00	107
古典数学难题与伽罗瓦理论	2012-11	58.00	223
伽罗华与群论	2014-01	28.00	290
代数方程的根式解及伽罗瓦理论	2011-03	28.00	108
代数方程的根式解及伽罗瓦理论(第二版)	2015-01	28.00	423

哈尔滨工业大学出版社刘培杰数学工作室已出版(即将出版)图书目录

书　　名	出版时间	定　价	编号
线性偏微分方程讲义	2011-03	18.00	110
几类微分方程数值方法的研究	2015-05	38.00	485
N 体问题的周期解	2011-03	28.00	111
代数方程式论	2011-05	18.00	121
动力系统的不变量与函数方程	2011-07	48.00	137
基于短语评价的翻译知识获取	2012-02	48.00	168
应用随机过程	2012-04	48.00	187
概率论导引	2012-04	18.00	179
矩阵论(上)	2013-06	58.00	250
矩阵论(下)	2013-06	48.00	251
趣味初等方程妙题集锦	2014-09	48.00	388
趣味初等数论选美与欣赏	2015-02	48.00	445
对称锥互补问题的内点法:理论分析与算法实现	2014-08	68.00	368
抽象代数:方法导引	2013-06	38.00	257
闵嗣鹤文集	2011-03	98.00	102
吴从炘数学活动三十年(1951~1980)	2010-07	99.00	32
吴从炘数学活动又三十年(1981~2010)	2015-07	98.00	491
函数论	2014-11	78.00	395
耕读笔记(上卷):一位农民数学爱好者的初数探索	2015-04	48.00	459
耕读笔记(中卷):一位农民数学爱好者的初数探索	2015-05	28.00	483
耕读笔记(下卷):一位农民数学爱好者的初数探索	2015-05	28.00	484
数贝偶拾——高考数学题研究	2014-04	28.00	274
数贝偶拾——初等数学研究	2014-04	38.00	275
数贝偶拾——奥数题研究	2014-04	48.00	276
集合、函数与方程	2014-01	28.00	300
数列与不等式	2014-01	38.00	301
三角与平面向量	2014-01	28.00	302
平面解析几何	2014-01	38.00	303
立体几何与组合	2014-01	28.00	304
极限与导数、数学归纳法	2014-01	38.00	305
趣味数学	2014-03	28.00	306
教材教法	2014-04	68.00	307
自主招生	2014-05	58.00	308
高考压轴题(上)	2015-01	48.00	309
高考压轴题(下)	2014-10	68.00	310
从费马到怀尔斯——费马大定理的历史	2013-10	198.00	Ⅰ
从庞加莱到佩雷尔曼——庞加莱猜想的历史	2013-10	298.00	Ⅱ
从切比雪夫到爱尔特希(上)——素数定理的初等证明	2013-07	48.00	Ⅲ
从切比雪夫到爱尔特希(下)——素数定理 100 年	2012-12	98.00	Ⅲ
从高斯到盖尔方特——二次域的高斯猜想	2013-10	198.00	Ⅳ
从库默尔到朗兰兹——朗兰兹猜想的历史	2014-01	98.00	Ⅴ
从比勃巴赫到德布朗斯——比勃巴赫猜想的历史	2014-02	298.00	Ⅵ
从麦比乌斯到陈省身——麦比乌斯变换与麦比乌斯带	2014-02	298.00	Ⅶ
从布尔到豪斯道夫——布尔方程与格论漫谈	2013-10	198.00	Ⅷ
从开普勒到阿诺德——三体问题的历史	2014-05	298.00	Ⅸ
从华林到华罗庚——华林问题的历史	2013-10	298.00	Ⅹ

哈尔滨工业大学出版社刘培杰数学工作室已出版(即将出版)图书目录

书 名	出版时间	定 价	编号
吴振奎高等数学解题真经(概率统计卷)	2012-01	38.00	149
吴振奎高等数学解题真经(微积分卷)	2012-01	68.00	150
吴振奎高等数学解题真经(线性代数卷)	2012-01	58.00	151
高等数学解题全攻略(上卷)	2013-06	58.00	252
高等数学解题全攻略(下卷)	2013-06	58.00	253
高等数学复习纲要	2014-01	18.00	384
钱昌本教你快乐学数学(上)	2011-12	48.00	155
钱昌本教你快乐学数学(下)	2012-03	58.00	171
三角函数	2014-01	38.00	311
不等式	2014-01	38.00	312
数列	2014-01	38.00	313
方程	2014-01	28.00	314
排列和组合	2014-01	28.00	315
极限与导数	2014-01	28.00	316
向量	2014-09	38.00	317
复数及其应用	2014-08	28.00	318
函数	2014-01	38.00	319
集合	即将出版		320
直线与平面	2014-01	28.00	321
立体几何	2014-04	28.00	322
解三角形	即将出版		323
直线与圆	2014-01	28.00	324
圆锥曲线	2014-01	38.00	325
解题通法(一)	2014-07	38.00	326
解题通法(二)	2014-07	38.00	327
解题通法(三)	2014-05	38.00	328
概率与统计	2014-01	28.00	329
信息迁移与算法	即将出版		330
第19~23届"希望杯"全国数学邀请赛试题审题要津详细评注(初一版)	2014-03	28.00	333
第19~23届"希望杯"全国数学邀请赛试题审题要津详细评注(初二、初三版)	2014-03	38.00	334
第19~23届"希望杯"全国数学邀请赛试题审题要津详细评注(高一版)	2014-03	28.00	335
第19~23届"希望杯"全国数学邀请赛试题审题要津详细评注(高二版)	2014-03	38.00	336
第19~25届"希望杯"全国数学邀请赛试题审题要津详细评注(初一版)	2015-01	38.00	416
第19~25届"希望杯"全国数学邀请赛试题审题要津详细评注(初二、初三版)	2015-01	58.00	417
第19~25届"希望杯"全国数学邀请赛试题审题要津详细评注(高一版)	2015-01	48.00	418
第19~25届"希望杯"全国数学邀请赛试题审题要津详细评注(高二版)	2015-01	48.00	419
物理奥林匹克竞赛大题典——力学卷	2014-11	48.00	405
物理奥林匹克竞赛大题典——热学卷	2014-04	28.00	339
物理奥林匹克竞赛大题典——电磁学卷	即将出版		406
物理奥林匹克竞赛大题典——光学与近代物理卷	2014-06	28.00	345

哈尔滨工业大学出版社刘培杰数学工作室已出版(即将出版)图书目录

书　　名	出版时间	定　价	编号
历届中国东南地区数学奥林匹克试题集(2004～2012)	2014-06	18.00	346
历届中国西部地区数学奥林匹克试题集(2001～2012)	2014-07	18.00	347
历届中国女子数学奥林匹克试题集(2002～2012)	2014-08	18.00	348
几何变换(Ⅰ)	2014-07	28.00	353
几何变换(Ⅱ)	2015-06	28.00	354
几何变换(Ⅲ)	2015-01	38.00	355
几何变换(Ⅳ)	即将出版		356
美国高中数学竞赛五十讲. 第 1 卷(英文)	2014-08	28.00	357
美国高中数学竞赛五十讲. 第 2 卷(英文)	2014-08	28.00	358
美国高中数学竞赛五十讲. 第 3 卷(英文)	2014-09	28.00	359
美国高中数学竞赛五十讲. 第 4 卷(英文)	2014-09	28.00	360
美国高中数学竞赛五十讲. 第 5 卷(英文)	2014-10	28.00	361
美国高中数学竞赛五十讲. 第 6 卷(英文)	2014-11	28.00	362
美国高中数学竞赛五十讲. 第 7 卷(英文)	2014-12	28.00	363
美国高中数学竞赛五十讲. 第 8 卷(英文)	2015-01	28.00	364
美国高中数学竞赛五十讲. 第 9 卷(英文)	2015-01	28.00	365
美国高中数学竞赛五十讲. 第 10 卷(英文)	2015-02	38.00	366
IMO 50 年. 第 1 卷(1959-1963)	2014-11	28.00	377
IMO 50 年. 第 2 卷(1964-1968)	2014-11	28.00	378
IMO 50 年. 第 3 卷(1969-1973)	2014-09	28.00	379
IMO 50 年. 第 4 卷(1974-1978)	即将出版		380
IMO 50 年. 第 5 卷(1979-1984)	2015-04	38.00	381
IMO 50 年. 第 6 卷(1985-1989)	2015-04	58.00	382
IMO 50 年. 第 7 卷(1990-1994)	即将出版		383
IMO 50 年. 第 8 卷(1995-1999)	即将出版		384
IMO 50 年. 第 9 卷(2000-2004)	2015-04	58.00	385
IMO 50 年. 第 10 卷(2005-2008)	即将出版		386
历届美国大学生数学竞赛试题集. 第一卷(1938—1949)	2015-01	28.00	397
历届美国大学生数学竞赛试题集. 第二卷(1950—1959)	2015-01	28.00	398
历届美国大学生数学竞赛试题集. 第三卷(1960—1969)	2015-01	28.00	399
历届美国大学生数学竞赛试题集. 第四卷(1970—1979)	2015-01	18.00	400
历届美国大学生数学竞赛试题集. 第五卷(1980—1989)	2015-01	28.00	401
历届美国大学生数学竞赛试题集. 第六卷(1990—1999)	2015-01	28.00	402
历届美国大学生数学竞赛试题集. 第七卷(2000—2009)	2015-08	18.00	403
历届美国大学生数学竞赛试题集. 第八卷(2010—2012)	2015-01	18.00	404

哈尔滨工业大学出版社刘培杰数学工作室已出版(即将出版)图书目录

书　　名	出版时间	定　价	编号
新课标高考数学创新题解题诀窍：总论	2014-09	28.00	372
新课标高考数学创新题解题诀窍：必修1～5分册	2014-08	38.00	373
新课标高考数学创新题解题诀窍：选修2-1，2-2，1-1，1-2分册	2014-09	38.00	374
新课标高考数学创新题解题诀窍：选修2-3，4-4，4-5分册	2014-09	18.00	375
全国重点大学自主招生英文数学试题全攻略：词汇卷	即将出版		410
全国重点大学自主招生英文数学试题全攻略：概念卷	2015-01	28.00	411
全国重点大学自主招生英文数学试题全攻略：文章选读卷(上)	即将出版		412
全国重点大学自主招生英文数学试题全攻略：文章选读卷(下)	即将出版		413
全国重点大学自主招生英文数学试题全攻略：试题卷	即将出版		414
全国重点大学自主招生英文数学试题全攻略：名著欣赏卷	即将出版		415

联系地址：哈尔滨市南岗区复华四道街10号　哈尔滨工业大学出版社刘培杰数学工作室
网　　址：http://lpj.hit.edu.cn/
邮　　编：150006
联系电话：0451-86281378　　13904613167
E-mail:lpj1378@163.com